집 안에서 배우는 물리

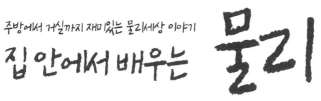

주방에서 거실까지 재미있는 물리세상 이야기

집 안에서 배우는 물리

카밀 파델 지음 | 고민정 옮김

YANG 양문 MOON

이미지 저작권

표지 및 내부 삽화: 라시드 마라이(Rachid Maraï)
p. 47: 루이 피기에(Louis Figuier), 《과학의 신비 *Les merveilles de la science*》(1867) 제1권 중
'증기기관'에서 그림 발췌
p. 69: ⓒ chomes-fotolia.com
p. 133: ⓒ Ingo Bartussek-fotolia.com

이 책에 등장하는 모든 실험들은 어른의 지도 아래 이뤄져야 합니다.

Original title : Vous avez dit physique?
De la cuisine au salon, de la physique partout dans la maison!

by Kamil FADEL

© DUNOD, Paris, 2015, first edition. Published in partnership with Universcience
Illustrations by Rachid Maraï

Korean language translation rights arranged through Icarias Agency, South Korea.
Korean translation © 2017 Yangmoon Publishing

차례

머리말

이 책은 물질과 파동에 대한 진정한 입문서다. 물질의 다양한 상태와 파동현상을 따라가다보면 물리학의 기본 개념을 이해할 것이다. 차례와 상관없이 그저 산책하듯 내키는 대로 읽어도 된다. 이 책에서는 교과서에서 자주 접하는 주제를 다루면서도, 학생들이 연습문제를 풀다가 질리게 만드는 일등공신인 수식은 빼놓았다. 따라서 이 책은 좀 더 정성적인 설명을 통해 과학에 접근하려는 청소년(혹은 그 이상)이 대상이다. 물론 그렇다고 해서 모든 물리학적 이해에 기본이 되는 자릿수 단위나 크기(일관성) 등을 소홀히 한 것은 아니다. 때로는 상식과 기초적인 연산만으로도 충분히 주의를 기울일 수 있으니 말이다. 게다가 단순하면서도 매력적인 그림과 말장난, 에피소드 등을 풍부하게 삽입하여 아주 쉽고 즐겁게 읽을 수 있다.

저자 카밀 파델이 현재 하고 있는 일을 바탕으로 이 책을 설명할 수도 있다. 그는 발견의 전당(Palais de la Découverte, 여러 분야의 과학 전문가들이 관람객과 함께 현장에서 실험을 하면서 과학의 원리를 설명하는 프로그램을 진행하며 창의성을 길러주는 과학박물관—옮긴이)의 과학 큐레이터이자 물리학 부서 책임자로서 많은 청소년을 만나서 짧은 시간(1회

관람시간) 안에 이들이 '현재의 과학'(물론 그 과거 또한 결코 빼놓을 수는 없다)에 눈뜰 수 있도록 도움을 주고 있다. 즉, 방문객의 호기심과 흥미를 불러일으켜서 그 호기심을 수업시간이나 독서, 혹은 과학전시관 재방문과 심화 관람 등을 통해서 채울 수 있도록 이끄는 것이다. 이는 단순한 수업이 아니라 과학에 대한 입맛을 돋우어주는 일이다. 그러기 위해서는 이에 부응하는 책이 있어야 한다. 자유롭게 박물관을 관람하듯이 아무 쪽이나 집히는 대로 펼쳐 읽어도 되는, 그러면서도 전체적으로는 짜임새 있게 구성한 책 말이다.

이 책에서는 멋지고 재미있는 실험('직접 해보세요!')을 활용하고 있다. 역사적인 접근('위대한 발견')은 자연과학에 별로 흥미를 느끼지 못하는 보통 독자들의 흥미를 끌 수 있는 또 다른 방식이다. 그리고 저자 카밀 자신도 현재 이루어지는 과학연구에 호기심이 가득한 사람으로서 오늘날 연구되는 주제들까지 관심이 이어질 수 있도록 길잡이 역할을 해준다.

또한 발견의 전당에서 발행하는 훌륭한 잡지 《데쿠베르트*Découverte*》의 독자라면 다양한 기사에 분산되어 있던 고전물리학과 그 역사에 관한 이야기, 쉽게 해볼 수 있는 간단한 실험, 나아가 최신 과학 내용에 이르기까지 한눈에 다시 볼 수 있을 것이다. 저자 카밀이 바로 그 코너에 꾸준히 기고하고 있으니 말이다.

에티엔 기용(Étienne Guyon)
전 고등사범학교(ENS) 총장, 전 발견의 전당 관장,
파리 고등산업물리화학학교(ESPCI) 연구원

1

물질 속으로 들어가기

'물질이란 무엇일까?'

이 질문은 생물학에서 '생명이란 무엇일까?'와 마찬가지로 물리학에서 핵심 질문이다.

단순하게 보면, 물질은 보통 세 가지 상태로 존재한다. 일상생활에서 예를 들면 액체인 물은 얼음(고체), 수증기(기체) 형태로 존재한다. 그러나 모든 물질이 이 세 가지 상태로만 존재한다고 말할 수는 없다. 실제로 주변을 둘러보면 이 세 가지 상태가 아닌 다른 상태인 물질을 얼마든지 발견할 수 있다. 밀가루, 떠먹는 요구르트, 고기, 고무줄, 마요네즈, 버터, 스웨터, 풍선, 셰이빙 폼, 빵 등……. 이런 물질을 표준적인 세 가지 물질의 상태 중 하나로 분류하기란 쉬운 일이 아니다.

가루설탕을 예로 들어보자. 가루설탕은 한 그릇에서 다른 그릇으로 흐르듯이 옮길 수 있으므로 액체라고 말할 수도 있다. 하지만 알갱이 하나하나는 분명히 고체다. 따라서 가루설탕은 고체도 아니고 액체도 아니라고 말할 수 있다. 모든 것은 관찰하는 크기와 조건에 달려 있다. 마찬가지로 마요네즈는 마요네즈 통을 뒤집어도 액체처럼 흘러내리지 않는다. 하지만 마요네즈를 숟가락으로 휘저어주면 금세 액체처럼 거동할 것이다. 치약도 튜브를 눌러야만 액체처럼 흘러나온다.

이러한 모든 물질의 거동은 물질을 구성하는 **분자**(이후 굵은 서체로 표시한 용어는 149쪽의 용어설명을 참조) 간의 마찰, 더 자세히는 그 분자 간의 상호작용과 밀접한 관련이 있다. 액체는 어떤 조건에서 어떻게 어는지, 옥수수 전분가루와 물을 섞은 혼합물은 왜 그렇게 특이한 거동을 보이는지, 혹은 마요네즈를 휘저으면 어떤 메커니즘을 거쳐 액화하는 것인지 등을 이해하고 분석하려면 물질의 가장 중심부의 아주 작은 스케일까지 깊숙이 들여다보아야만 한다.

직접 해보세요!

액체? 고체?

옥수수 전분가루를 볼에 담고 물을 적당히 부어서 반죽 상태가 될 정도로 섞어주세요. 볼을 이리저리 기울이면 이 혼합물이 볼의 안쪽 면을 따라 액체처럼 흐르는 것을 관찰할 수 있습니다. 하지만 손가락으로 힘주어 뭉치면 혼합물이 단단해져 한 조각 떼어 손에 쥘 수도 있습니다. 물론 그렇게 하려면 계속해서 반죽을 주물러야 하지만요. 달리 말하면, 이 혼합물의 거동은 그 위에 가해지는 힘에 따라 달라진다는 것입니다.

원자 스케일의 물질

사람들은 오랫동안 **원자**를 나누어지지 않는 아주 작은 알갱이라고 상상했다. 하지만 20세기에 들어와 실제로는 원자가 나뉠 수 있다는 것을 알게 되었다. 원자는 사실 입자들(**양성자**와 **중성자**)로 구성된 **핵**과 그 핵 주위의 궤도 위의 **전자**들로 구성되어 있다.

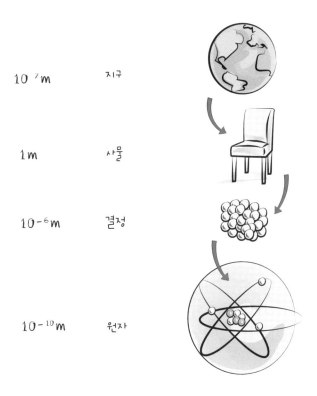

$10^7 m$	지구
$1 m$	사물
$10^{-6} m$	결정
$10^{-10} m$	원자

여러 스케일에서 본 물질

양자물리학

19세기 내내 물리학자들은 빛이 미립자(입자)로 이루어진 것이 아니라 파동이라고 믿었다. 하지만 독일 물리학자 알베르트 아인슈타인은 1905년에 아무 물질도 들어 있지 않은 진공 용기를 이용해 빛이 기체와 같은 거동을 보이기도 한다는 것을 계산해냈다.

이는 빛이 '알갱이'(혹은 양자)로 이루어졌음을 뜻하는 것으로, 그보다 몇 년 앞서 같은 독일의 과학자인 막스 플랑크도 뜨거운 물체(전구 필라멘트나 핫플레이트와 같은)가 방출하는 빛을 연구해서 이와 아주 가까운 결론을 얻었다.

그리하여 빛파동에 입자적 성질이 있음이 알려졌고 빛입자, 즉 광자가 빛의 파동이론에 끼어들면서 후에 양자물리학이라고 불리는 새로운 물리학이 탄생하는 시초가 되었다.

그로부터 20년쯤 뒤, 루이 드 브로이는 이 '파동-입자'의 이중성을 반대로 일반화한다. 이번에는 근본적으로 알갱이라고 여겼던 물질인 **원자**가 놀랍게도 파동성을 갖는다는 것이 드러난 것이다. 드 브로이는 물질의 알갱이가 특정 조건에서는 마치 파동처럼 서로 간섭할 것이라고 예상했는데, 이는 곧 **전자**를 이용한 실험으로 확인했다. 나중에는 원자를 이용한 실험에서도 확인했으며, 심지어 1990년대에는 아주 큰 **분자**를 이용한 실험으로도 확인했다.

아주 작은 스케일에서는 더 이상 **원자**나 **전자**를 거시적인 스케일에서 생각하는 것과 같이 물질알갱이로 볼 수 없다. 실제로 이 입자들은 평상시와는 다른 거동을 보이는데 예를 들어 전자는 동시에 여러 장소에 존재할 수도 있는 것처럼 보인다.

아주 작은 스케일의 이 이상한 세계를 기술하려면 이 세계만의 법칙과 규칙이 있는 새로운 물리학이 필요했다.

그것이 바로 양자물리학이다.

입자 스케일의 물질

우리 스케일에서 물질의 거동을 기술하려면 원자를 공부해야 한다. 그보다 더 멀리 나아가 원자 내의 **양성자**와 **중성자**의 거동을 이해하려면 아주 작은 스케일까지 깊숙이 파고들어 입자물리학의 세계로 들어가야 한다.

우선 원자핵과 주변의 전자 사이에는 무엇이 있는 걸까? 100년 전에는 아무것도 없는 진공이라고 생각했으나 오늘날에는 원자핵과 전자가 계속해서 광자, 즉 빛 '알갱이'를 서로 교환하고 있으며, 이 교환 덕분에 전자가 원자핵 주위에 머무를 수 있는 것이라고 알고 있다.

그다음 양성자와 중성자는 어떻게 원자핵 중심에서 공존하는 걸까? 1970년대 이래로 양성자와 중성자도 다른 입자, 즉 '**쿼크**'라는 기본입자들로 이루어져 있으며 **메손**(meson), **글루온**(gluon) 같은 또 다른 입자들을 서로 교환한다고 알려져 있다.

현재 모든 입자물리학은 하나의 같은 원칙에 입각한다. 입자들이 마치 탁구게임을 하듯이 다른 입자들을 교환하며 서로 상호작용(끌어당기고, 밀어내고, 변하고……)한다는 것이다. 오늘날 물리학자들이 알고 있는 입자의 종류는 수백 가지나 된다.

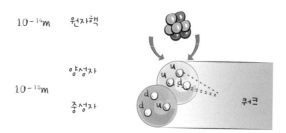

10^{-14}m 원자핵

양성자

10^{-15}m

중성자

u

u d

d u

u d

쿼크

'기본'입자의 '기본'은 무슨 의미일까?

양성자와 중성자는 기본입자가 아니다. 이 입자 또한 다른 입자들로 이루어져 있기 때문이다. 쿼크와 글루온이 바로 이들을 하나로 묶어주는 기본입자들이다.

위대한 발견

힉스 보손

물리학자들은 다양한 입자의 특성을 이해하기 위해 1960년대에 '표준 모형'이라는 이론을 만들었다. 이 모형은 새로운 입자의 존재를 예측했는데, 발견자의 이름을 따서 힉스 보손이라고 불린다. 힉스 보손이 없으면 모든 **기본입자**는 광자처럼 질량이 0일 것이다. 힉스 보손과 상호작용하는 입자는 질량을 얻는데, 그 상호작용이 강할수록 질량도 커진다. 힉스 보손과 상호작용하지 않는 입자는 광자와 **글루온**처럼 질량이 0이다. 2012년 프랑스와 스위스의 국경지대 지하 100m에 설치한 세계에서 가장 큰 입자가속기 **LHC**(Large Hadron Collider, 거대강입자충돌기)로 힉스 보손의 존재를 마침내 확인할 수 있었다. 이 발견은 표준 모형의 유효성을 확실히 증명해주었다.

하지만 아직 **중성미자**라는 또 다른 종류의 입자의 질량은 설명되지 않은 채 남아 있다. 즉 지금의 이론만으로는 사건의 진상을 완벽하게 밝힐 수 없으며 또 다른 이론이 필요하다는 것이다.

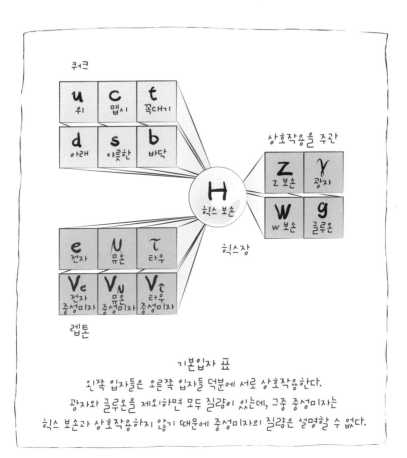

기본입자 표

왼쪽 입자들은 오른쪽 입자들 덕분에 서로 상호작용한다.
광자와 글루온을 제외하면 모두 질량이 있는데, 그중 중성미자는
힉스 보손과 상호작용하지 않기 때문에 중성미자의 질량은 설명할 수 없다.

Science memo

수수께끼 같은 암흑물질

1930년대 이래, 우주를 구성하는 물질 중 80% 이상, 혹은 90%가 우리가 알고 있는 물질과 아주 다른 미지의 물질이라는 것이 알려져 있다. 이 물질의 존재는 중력효과로 관찰할 수 있지만 눈에 보이지는 않는다. 그래서 이 물질을 암흑물질이라고 부른다.

물질인가 에너지인가

$E=mc^2$은 오늘날 물리학에서 가장 유명한 식이다. 아인슈타인이 자신의 특수상대성이론 연구 과정에서 알아낸 것으로, 에너지와 질량(물질의 양을 측정할 때 쓰는 값)이 같다는 것을 말한다. 질량(즉, 물질)이 없어지면서 에너지로 전환할 수 있을 뿐만 아니라 그 반대도 가능하다. 에너지로 물질을 만들 수 있다.

질량 'm'이 킬로그램 단위고, 진공에서 빛의 속도인 'c'가 m/s 단위로 주어진다면(대략 300000km/s) 에너지 'E'는 줄(J) 단위(1J은 약 0.25cal)로 주어진다. 이는 엄밀히 말하자면 뜨거운 철봉은 식으면서 가벼워지고, 용수철은 가만히 내버려뒀을 때보다 압축됐을 때 더 무겁다는 뜻이다.

물론 두 경우 모두 해당 에너지는 작은 반면 'c^2'은 아주 크기 때문에 실제 질량 차이는 턱없이 작아서 측정할 수는 없다. 하지만 분명히 존재한다.

Science memo

특수상대성이론

물리 사건에서 속도가 빛의 속도에 가까울 정도로 클 때 관찰한 현상을 설명하려면 아인슈타인의 상대성이론이 필수다. 이상하게 보일 수도 있겠지만, 수은이 실온에서 액체상태인 이유를 설명하려면 그 유명한 식인 $E=mc^2$을 이용해야만 한다. 원자핵 주위의 **전자**가 아주 빠른 속도로 움직이기 때문이다. 이런 관점에서 보면, 상대성이론은 일상생활 속 우리 스케일에서도 충분히 눈에 띈다고 할 수 있다.

열의 성질

사람들은 오랫동안 **열**의 성질을 알고 싶어 했다. 1789년 앙투안 라부아지에는 열이란 유체로서, 기체의 일종이라며 '열소'라고 이름 붙였다.
화학자 라부아지에는 열소를 산소나 수소와 같은 원소라고 생각하여 어떤 물체에 열소의 양이 많으면 뜨거워지는 것이라고 여겼다. 마치 소금이 많으면 짠 맛이 나는 것처럼 말이다.

그러나 이러한 열의 개념(50여 년 동안 받아들여졌다가 이후에 폐기)에서 열은 원소, 즉 물질로서는 특이한 성질을 갖는데, 바로 질량이 없어서 무게를 측정할 수 없다는 것이다. 후에 볼츠만이 열은 입자의 불규칙적인 운동이고, 그 운동의 평균을 측정한 것이 온도라는 것을 밝혀냈다.

질량과 무게를 혼동해서는 안 된다!

질량은 물체의 성질이자 물질의 양을 나타내는 것으로서 변하지 않는다. **무게**는 **중력**으로서 물체에 작용하는 인력이다.

세탁기는 지구가 강하게 아래쪽으로 끌어당기고 있기 때문에 들어올리기가 쉽지 않다. 하지만 달에서는 달이 물체를 아래쪽으로 끌어당기는 힘이 약하기 때문에 훨씬 쉽게 들어 올릴 수 있다. 물질의 양은 동일하지만 작용하는 중력이 달라지는 것이다.

물체의 무게는 지구가 그 물체에 행사하는 중력이다. 이 힘(**뉴턴**으로 표기)은 질량(킬로그램으로 표기)에 비례한다.

2

힘이 있으라…

운동의 법칙은 세계의 변화를 이해하고 예측하도록 해준다. 속력의 증감이든 방향의 변화든 속도의 변화는 **가속**이라고 한다. 이는 **힘**의 개념과도 밀접한 관련이 있는 기본 개념이다.

공은 어떻게 앞으로 나아가는 것일까

고대 학자부터 갈릴레오 갈릴레이에 이르기까지 끊임없는 연구의 대상이던 간단한 관찰부터 시작하자. 공을 굴릴 때 손을 떠난 이후에도 공이 계속해서 운동을 유지하는 이유는 무엇일까? 손으로 공을 밀고 있는 동안 공이 앞으로 나아가는 것은 이해가 된다. 그런데 손을 떠난 후에도 공이 계속 앞으로 나아가는 이유는 무엇일까?

아리스토텔레스는 "변화는 곧 힘이다." 하고 말했다!

이 그리스 철학자는 공이 손을 떠난 이후에도 계속해서 위치가 변하는 것은 공을 앞으로 미는 힘이 계속 작용하기 때문이라고 했다.

아리스토텔레스는 손이 공기에 운동능력을 전

달하면, 이어서 그 **힘**이 다 고갈될 때까지 공기가 공을 민다고 생각했다. 하지만 이 설명은 그다지 만족스럽지 못하다. 그것이 사실이라면 왜 처음에 공을 밀 때는 공을 손으로 직접 만져야만 하는가? 아리스토텔레스의 설명이 옳다면 공 뒤편의 공기를 밀어내는 것만으로는 왜 공을 움직일 수 없는가? 이러한 이유로 당시 다른 학자들은 운동력이 손에서 공으로 전달되면 공은 저절로 나아간다고 설명했다.

갈릴레이와 뉴턴은 위의 모든 설명을 거부하고, 이를 설명하는 과정에서 위치는 적절한 변량이 아니라고 여겼다. 위치의 변화는 힘과는 상관이 없다는 것이다. 반면 속도의 변화는 힘과 관련이 있다. 역으로 말해서 속도의 크기가 변하지 않고(일정한 운동), 방향이 변하지 않으면(직선운동), 물체에 작용하는 힘은 없다.

아이스하키를 예로 들어 이해해보자. 하키 스틱이 퍽과 접촉하는 짧은 시간 동안, 하키 스틱은 **힘**을 작용시키고 퍽은 가속되며 속도가 변한다. 하키 스틱이 퍽을 더 이상 밀지 않게 되면, 마찰력을 무시할 때 빙

Science memo

느려질 수 있는 가속

가속도는 모든 속도의 변화를 지칭하는 말로 속도가 변하는 빠르기를 나타낸다. 예를 들어 속도가 5m/s로 변한다면 가속도는 5m/s로서 5m/s/s = 5m/s²이라고 한다.

주의: 물리학에서는 가속이 꼭 속도의 증가를 의미하지는 않는다. 속도의 감소 혹은 단순한 방향의 변화도 가속이다.

속도에는 앞뒤가 없다!

갈릴레이는 속도를 상대적인 개념이라고 말했다. 예컨대 일정하게 같은 속도로 움직이는 열차 안에서 이루어진 실험은 정지한 열차 안에서 한 실험과 어떤 차이도 없다는 것이다. '운동상태'와 '정지상태'는 상대적이기 때문이다.

판에 수직한 서로 상쇄되는 두 힘만을 받을 뿐이다. 하나는 퍽을 바닥으로 끌어당기는 지구의 인력(중력)이고, 다른 하나는 빙판에서 위로 작용하는 반대되는 힘이다.

힘의 총합, 즉 합력이 0이 되므로 퍽의 속도는 더 이상 변하지 않는다. 따라서 일정한 속도로 직선 경로를 따라 계속 운동한다.

힘과 가속도

왼쪽에서는 퍽이 서로 상쇄되지 않는 세 개의 힘을 받으므로 가속된다. 오른쪽에서는 퍽에 작용하는 두 힘이 서로 상쇄되어 퍽은 더 이상 가속되지 않고 속도를 유지한다.

만유인력

아이작 뉴턴은 1700년경, 두 물체 사이에는 질량에 비례하며 두 물체 사이의 거리의 제곱에 반비례하는 크기로 서로 끌어당기는 **힘**이 작용한다는 것을 밝혔다. 바로 인력(중력)이다. 이는 두 물체가 어디에 있든지, 그리고 두 물체 사이의 거리가 얼마인지와 상관없이 모든 물체에 작용하기 때문에 만유인력이라고도 한다. 두 물체 중 하나가 지구라면 다른 한 물체에 작용하는 힘은 **무게**라고 한다. 프랑스어에 중력(gravitation)이라는 단어가 처음 들어온 것은 1717년으로, 라틴어에서 '무거움'을 뜻하는 gravitas에서 왔다.

실제로는 얼음에 대한 마찰력 때문에 퍽은 점차 느려진다. 어쨌든 앞으로 밀어주는 힘이 없는데도 계속해서 운동하는 것이다. 이는 퍽의 속도, 즉 **관성**에 때문이다. 다른 힘이 작용하지 않는다면 퍽은 계속 그 속도를 유지할 것이다.

이해하기 쉽지는 않다. 그러니 2000년이 넘게 걸린 것이 아니겠는가! 그렇기 때문에 이미 300년도 더 이전의 갈릴레이와 뉴턴의 발견에도 불구하고 오늘날에도 여전히 아리스토텔레스처럼 퍽이 계속 움직이고 있으므로 무언가 계속 퍽을 밀고 있다고 생각하는 사람들이 많은 것이다. "왜 퍽이 앞으로 나아가는 것으로 보이는가?" 하는 질문에 대한 답은 "퍽이 속도를 가지고 있기 때문이다…… 눈으로 보기에."가 된다. 퍽의 속도는 왜 줄어들지 않는가(마찰이 없을 때)? 퍽에 작용하는 힘의 총합이 0이 되므로 속도가 변할 수 없기 때문이다.

반작용력

A가 B에 힘을 가하면, B도 A에 같은 힘을 반대방향으로 가한다. 이것이 바로 반작용이다. 탁자 위에 놓인 유리컵이 탁자에 힘을 가한다는 것은 쉽게 받아들일 수 있는 반면 탁자가 컵을 위로 미는 힘의 원리는 바로 이해되지 않는다. 어떻게 탁자가 컵이 위에서 누른다는 것을 '알' 수 있단 말인가? 원자 스케일에서 일어나는 일을 깊이 들어가지 않고 설명하면, 유리컵의 **무게** 때문에 탁자는 아주 약간이긴 하지만 변형되고, 패이고, 용수철처럼 압축되는데, 탁자가 원래의 형태를 되찾으려 하면서 컵의 무게를 상쇄하며 위쪽으로 '밀어내는' 것이다.

탁자가 작용하는 반작용력

유리컵의 무게 때문에 탁자는 아주 작은 스케일로 마치
스프링매트리스처럼 패이고 압축되어서, 유리컵의 무게를 상쇄하며 위로 밀어낸다
(그림에서는 탁자의 변형이 의도적으로 과장되었다).

힘은 가속을 시킨다

주어진 물체가 받는 **힘** F가 클수록 그 **가속도** a도 커진다. 이 둘은 서로 비례한다. 반대로 물체의 질량 m이 클수록 **관성**을 많이 받고, 주어진 힘에 대해 가속하는 정도는 작아진다. 이는 다음과 같은 관계식으로 정리할 수 있다.

$$F = m \cdot a$$

표준단위(미터, 킬로그램, 초)로는 힘은 **뉴턴** 단위로 표기하고 N이라 표시한다.

$$1N = 1kg \cdot m/s^2$$

지구상에서 공기와 마찰을 빼면 모든 물체는 낙하할 때 속도가 중력 때문에 초당 9.81m씩(보통 $10m/s$ 근사치로 말한다) 증가한다. 즉 9.81m/s^2의 가속도이고 '1g'라고 표현한다(그램이 아니라 '지'라고 읽는다!).

따라서 1kg짜리 물체의 **무게**는 9.81N이 된다. 중력으로 인한 가속도가 물체에 상관없이 언제나 일정하다는 것이 놀랍게 느껴질 수도 있다.

어떤 물체보다 10배 더 무거운 물체는 지구를 향해 아래쪽으로 10배 더 세게 끌어당겨지므로 이 물체가 받는 가속도도 10배 더 커야 하는 것이 아닐까? 아니다. 10배 더 무겁다는 말은 그 질량에 대한 관성 때문에 가속하는 것이 10배 더 힘들다는 말이기도 하다. 가속도는 질량에 반비례하기 때문이다.

직접 해보세요!

자유 낙하

한 손에는 작은 책 한 권을, 다른 손에는 페이퍼 타월을 한 장 집으세요. 둘을 동시에 놓으면 책이 바닥에 먼저 닿을 것입니다. 이제 페이퍼 타월을 책 위에 올린 뒤 책을 떨어뜨려 보세요. 페이퍼 타월이 더 이상 공기와 마주하지 않으면서 마치 진공상태에 있는 것처럼 떨어지며 책과 같이 가속됩니다. 두 물체는 동시에 떨어지고, 매 순간 두 물체의 속도는 동일할 것입니다(낙하 시간이 짧으므로 속도가 그리 빠르지 않기 때문에 **무게**에 비해 아주 작은 수준인 공기의 **마찰력**은 무시할 수 있습니다). 좀 더 놀라운 경험을 해보려면 책 대신 500원짜리 동전과 작은 페이퍼 타월 조각을 가지고 다시 실험을 해보세요.

'가상의' 힘: 허구인가 실재인가

70km/h의 속도로 북쪽을 향해 달리는 버스 안에서 안전벨트를 매고 좌석에 고정되어 앉아 있다고 상상하자. 공 하나가 바닥에 놓여 있는데, 이 공에는 마찰력이 전혀 작용하지 않는다고 가정한다. 공은 의자나 차창과 마찬가지로 정지해 있는 것으로 보일 것이다. 그런데 갑자기 신호

등이 빨간불로 바뀌면서 버스가 급정거를 한다.

그러면 공이 앞으로 튀어나가는 것이 보일 것이다. 공의 속도가 바뀌었음을 목격하게 된다. 당신이 보기에 공은 갑자기 가속한 것으로, 버스의 앞쪽 방향으로 작용하는 **힘**을 받은 것이 된다.

하지만 자신의 집에서 창문 너머로 이를 지켜보는 사람은 동일한 상황을 다르게 기술할 것이다. 그 사람의 관점에서는 버스, 좌석, 안전벨트, 앉아 있는 당신, 공 이 모든 것이 북쪽으로 70km/h의 속도로 이동하고 있던 것으로 보인다. 그러다 갑자기 버스가 급정거를 하면서, 버스에 고정되어 있던 모든 것, 즉 공을 뺀 나머지가 모두 버스와 함께 정지한다. 공은 고정되어 있지 않았으므로 정지할 수가 없다. 따라서 공은 **관성** 때문에 마치 아무 일도 없었던 것처럼 계속해서 북쪽으로 70km/h의 속도로 나아간 것이다.

집에서 지켜보는 관찰자에게 공의 속도는 변하지 않았으므로 그 어떤 힘도 작용하지 않은 것이 된다. 반대로 이 관찰자에게는 좌석이나 차창과 같은 것의 속도가 70km/h에서 0km/h로 변한 것이 된다. 따라서 힘은 공이 아니라 버스에, 그것도 앞쪽이 아니라 뒤쪽 방향으로 작용한 것이다.

'지(g)'와 무게

만약 70km/h, 즉 19.5m/s의 속도로 달리는 버스가 정지하는 데 1초가 걸렸다면, 이때의 **가속도**는 $19.5m/s^2$, 즉 $2g(2×9.81m/s^2)$이다. 이는 공이 앞으로 튀어나가는 것을 막기 위해서는 공 **무게**의 두 배에 해당하는 **힘**을 가해야 한다는 것을 의미한다.

버스 안에서 본 상황

신호등에 도달하기 전에는 승객에게 공은 버스 안의 다른 모든 물체와 마찬가지로 정지해 있는 것으로 보인다. 신호가 빨간불이 되면 공만 제외하고 나머지는 모두 여전히 정지해 있는 것으로 보인다. 따라서 승객이 보기에 공은 유일하게 힘을 받은 물체다.

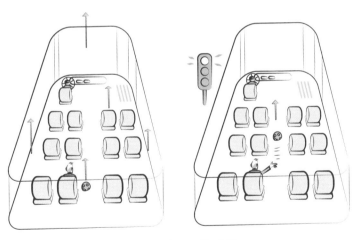

버스 밖에서 본 상황

화살표는 속도를 나타낸다. 바깥에 있는 관찰자의 눈에는 빨간 불에서 속도가 0이 되는 버스와 그 안의 모든 물체와는 달리 공의 속도는 변하지 않는다. 따라서 이 관찰자에게 공은 그 어떤 힘도 받지 않은 유일한 물체다.

물리학자라면, 집에 있는 관찰자는 가속도가 없으므로(관찰자의 속도가 변하지 않음) **관성계(갈릴레이 좌표계)**이고, 버스 안에 있는 당신은 가속도가 있으므로(속도가 변함) 비관성계라고 말할 것이다. 일반적으로 비관성계의 관찰자(버스 안의 당신처럼 가속도가 있는 관찰자)는 그가 관

Science memo

관점의 문제

버스의 예시에서 주목할 점은, 승객의 관점에서 차량에 고정되어 있지 않은 모든 자유물체는 완전히 동일하게 앞쪽으로 가속한다. 제동하면 무거운 공과 가벼운 공은 버스의 앞쪽으로 같은 속도로 '떨어질' 것이다. '떨어진다'고 표현하는 이유는, 중력만이 작용할 때 모든 물체는 같은 가속도로 같이 떨어지는데, 버스를 제동할 때 두 공에 작용하는 가속도가 완전히 동일하기에 공의 **가속도**를 자유낙하하는 물체의 가속도와 유사하다고 볼 수 있기 때문이다. 버스가 제동하는 순간 차량 안에 국소적으로 수평적인 중력이 생기면서 모든 물체를 앞쪽으로 '끌어당긴다'고 표현할 수도 있다. 차량에 고정되어 차량과 결속된 물체는 제자리에 붙들려 있다. 이때 안전벨트는 탁자가 그 위에 놓인 유리컵에 대해 작용하는 것과 같은 작용을 한다(26쪽 참고). 유리컵이 땅으로 떨어지는 것을 막는 것처럼, 안전벨트는 차량 앞쪽으로 떨어지는 것을 막는다.

역으로, 외부 관찰자의 관점에서는 공이 그 어떤 힘도 받지 않으므로 관성운동을 계속한다. 자유낙하하는 물체도 낙하 중 어떤 힘도 받지 않는다. 실제로 자유낙하 중인 물체는 **무중량** 상태다. 이때 중력은 **관성력**으로 볼 수 있다. 이런 비교를 통해서 아인슈타인은 뉴턴의 중력 이론을 수정하여 1915년 일반상대성이론이라는 새로운 이론에 이르게 된다.

찰하는 것을 기술하려면, 관성계의 관찰자(집에 있는 관찰자)라면 신경 쓰지 않아도 되는 **관성**이라는 **힘**을 포함해서 따져야 한다. 버스가 정지할 때 공이 받는 힘(승객의 관점에서)이 바로 관성이다. 관성은 때로는 유사 힘 혹은 가상의 힘이라고도 불린다.

'가짜 힘'··· 원심력?

이번에는 북쪽을 향해 70km/h의 속도로 달리다가 빠르게 왼쪽으로 90도 방향을 전환하여 서쪽을 향해 계속해서 70km/h의 속도로 달리는 버스 안에 타고 있다고 상상해보자. 이 버스는 가속한 것일까? 그렇다. 북쪽으로의 버스 속도가 70km/h에서 0km/h로 변했고, 서쪽으로의 속도는 0에서 70km/h로 변했기 때문이다. 속도의 변화는 필시 **가속도**가 관여하기 마련이다. 이 경우 당신은 공이 갑자기 움직여 버스의 오른쪽 벽면에 충돌하는 것을 보게 된다. 당신이 보기에 공은 **원심력**이라는 힘을 받은 것이다. 집 안에서 보는 관찰자는 공이 버스에 고정되어 있지 않으므로 조금의 속도 변화도 없이 계속해서 북쪽을 향해 70km/h의 속도로 이동한 것으로 보인다. 어떤 **힘**도 받지 않았는데도 공이 버스의 오른쪽 면에 충돌한 것은 버스의 진행방향은 이제 서쪽으로 바뀌었지만 공은 여전히 북쪽 방향으로 이동했기 때문이다. 버스 안에 타고 있는 당신의 입장에서 공의 움직임을 설명하려면 **원심력**의 개념을 이용해야 하지만, 외부에 있는 **관성계** 관찰자에게는 이 원심력은 존재하지 않는다. 이것이 바로 원심력 또한 **관성력**이라고 할 수 있으며 때로 '가짜' 힘이라고 불리는 이유다.

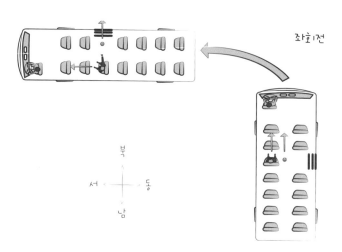

좌회전

북
서 ─┼─ 동
남

외부에서 볼 때는 존재하지 않는 원심력

외부의 관찰자 눈에는 공의 속도는 변하지 않았다. 따라서 어떤 가속도도, 어떤 힘도 작용하지 않았다. 이 관찰자가 보기에 변한 것은 버스의 속도다.

직접 해보세요!

탈탈 털리는 물방울들

빠른 속도로 돌고 있는 세탁기의 드럼 부분을 자세히 보세요. 탈수 과정을 어떻게 기술할 수 있을까요? 여러분이 직접 세탁기 드럼 내부에 들어가 있는 것이 아니라면 물방울이 **원심력** 때문에 바깥으로 튀어나간다고 말하는 것은 틀린 이야기입니다. **관성계** 관찰자로서 여러분은 드럼이 빨랫감은 강제로 돌아가도록 하지만 물방울은 드럼의 접선방향으로 자유롭게 직선운동을 하도록 내버려두므로 빨랫감에서 물방울이 빠져나오는 것이라고 설명해야 합니다.

그래도 지구는 돈다!

2세기 중엽 그리스의 위대한 천문학자 프톨레마이오스는 지구가 자전한다면 **원심력** 때문에 우리는 모두 우주로 튕겨 나갈 것이라며 지구는 자전하지 않는다고 주장했다. 그가 틀렸다! 지구의 자전속도는 매우 느리기 때문에 원심력은 적도에서조차 **무게**의 0.34%, 혹은 물리학자들의 언어로는 0.0034g밖에 되지 않는다. 그럼에도 불구하고 지구의 적도 반경은 6378km로, 극지방 쪽의 반경보다 22km(6378×0.0034) 더 크다. 만약 지구의 자전속도가 17배 더 빠르다면, 즉 하루가 1시간 25분이라면 적도에서 원심력은 1g가 되어서 적도를 따라 사는 사람들의 무게를 딱 그만큼씩 상쇄할 것이다. 그곳에 사는 모든 사람은 모두 **무중량** 상태에 있게 되는 것이다. 그렇다면 왜 하필이면 17배일까? 원심력은 속도의 제곱에 비례해서 커지므로 자전 속도가 17배 빨라지면 적도에서 원심력은 0.0034g의 289배(17^2)가 되어 1g가 되기 때문이다.

만약 지구의 자전속도가 너무 빠르다면 중력은
더 이상 물체를 지구상에 붙잡아두지 못할 것이다.

중대한 오류!

2013년에 개봉한 알폰소 쿠아론 감독의 영화 〈그래비티〉는 큰 성공을 거두었다. 매우 성공적인 기술적 쾌거는 영화의 핵심을 구성하는 **무중량** 장면을 현실적으로 재현했다는 것이다. 하지만 영화의 결정적인 장면에 과학적 오류가 있다. 우주비행사 한 명이 안전로프 연결을 해제하고 떨어지며 우주선에서 멀어져 가는 장면이다! 하지만 무중량 상태에서는 떨어질 특정 장소나 방향이 정해지지 않는다. 게다가 영화의 핵심 시퀀스에서는 물체를 놓았을 때 물체들이 그곳에 그대로 머물러 있는 것을 보여준다. 그런데 왜 안전로프 연결을 해제한 우주비행사는 제자리에 머무르지 못하고 마치 무언가가 끌어당기기라도 한 듯이 멀어져 간다는 말인가?

3

압력의 수수께끼

우리는 일상생활에서 '압력'이라는 말을 자주 사용한다. 일기예보에 나오는 기압, 수압, 자동차 타이어 압력, 혹은 탄산음료 캔의 압력…… 하지만 그 외에도 칼이나 포크, 혹은 못을 사용할 때도 압력이 작용한다. 이 모든 것을 좀 더 가까이에서 보자.

고무풍선과 압정을 이용해서 압정의 머리 부분으로 풍선을 터뜨리려고 시도하면 꽤 큰 **힘**을 풍선에 가하더라도 잘 터지지 않는다. 반면 압정의 침 부분을 이용하면 아주 가볍게 누르기만 해도(약한 힘) 풍선이 터진다. 이 두 상황의 차이는 무엇일까? 압력, 즉 힘을 그 힘이 가해지는 면적으로 나눈 것이다. 압정의 침은 그 면적이 아주 작아서 압정을 통해 풍선에 가해지는 압력이 순식간에 아주 세지면서 풍선의 막을 뚫어버린다.

포크에 이빨이 있고 칼에 날이 있는 것도 이와 같은 이유다. 다시 말해 날 부분의 면적이 아주 작기 때문에 그렇게 쉽게 자를 수 있다. 마찬가지로 동물의 뾰족한 발톱이나 송곳니는 물체를 쉽게 파고든다.

종이 가장자리에 손을 베는 것도 같은 이유에서다. 그 밖에도 이런 예는 무궁무진하다.

Science memo

압력의 단위, 파스칼

압력은 단위면적당 작용하는 **힘**이다. 힘은 **뉴턴** 단위로 측정하고, 면적은 제곱미터 단위로 측정하며, 압력을 측정하는 단위는 **파스칼**(Pa)이다. 1Pa은 1제곱미터의 면적에 작용하는 1뉴턴의 힘이다. 이는 면적이 $1m^2$인 100g짜리 종이, 혹은 가로 세로 길이가 10cm인 1g짜리 종이가 탁자에 놓였을 때 가하는 압력이다. 표준적인 A4 용지는 보통 제곱미터당 80g이다. 따라서 이런 종이가 탁자 위에 놓였을 때 가하는 압력은 0.8Pa이다.

마찬가지로 침대에 눕는 것보다 땅바닥에 눕는 것이 더 불편한 것도 압력과 관계가 있다. 침대 위에 누우면 우리 몸과 침대의 접촉 면적이 훨씬 커서 가해지는 압력은 훨씬 작다. 하지만 바닥에 등을 대고 누우면 우리 **무게**(지구 인력)가 바닥과 접촉하고 있는 몇 개의 지점으로만 나뉘어 분포하기 때문에 훨씬 큰 압력이 가해진다.

무게가 있는 모든 물체는 물체가 기대는 곳에 압력을 가한다. 이에 따라 병에 담긴 물은 병의 바닥과 옆면에 압력을 가한다. 이 압력은 물이 담겨 있는 높이의 절반 높이에서 작용하는 압력의 두 배다. 절반 높이에 있는 물은 높이가 2분의 1인 물기둥을 지탱하는 것이 되기 때문이다. 병에 서로 다른 높이로 두 개의 구멍을 뚫어보면 아래쪽 구멍에서 빠져나오는 물줄기가 더 세찬 것을 볼 수 있다. 그 이유는 당연히 압력이 더 세기 때문이다. 물의 깊이가 깊을수록 압력은 증가한다. 물 아래로 점점 더 깊이 잠수할 때 귀에 느껴지는 통증이 심해지는 것으로도 이를 알 수 있다.

직접 해보세요!

무중량 상태

페트병 옆면에 구멍을 두세 군데 뚫고 물을 채워보세요. 물이 구멍으로 뿜어져 나올 것입니다. 그다음 병을 떨어뜨리고 관찰하면, 낙하하는 동안 더 이상 구멍으로 물이 나오지 않는 것을 볼 수 있습니다. 낙하하는 동안 물이 물을 감싸고 있는 병의 바닥을 더 이상 누르지 않기 때문입니다. 따라서 바닥은 물론이고 어디에도 압력을 가하지 않게 되는 것이지요. 더 이상 물이 밖으로 분출될 이유가 없습니다. 이전 장(30쪽 Science memo 참고)에서 이미 보았듯이 자유낙하 중인 물체는 **무중량** 상태, 즉 **무게**가 없는 상태가 됩니다. 따라서 무게가 주는 압력도 사라지는 것입니다.

물에서의 부력

물속에서 아래쪽의 압력이 위쪽의 압력보다 높은 것처럼, 물에 있는 물체에 작용하는 압력도 물에 잠긴 부분 아래쪽이 그렇지 않은 위쪽보다 높다. 이렇게 항상 위의 압력보다 아래의 압력이 높기 때문에 발생하는 압력의 차이 때문에 물에 들어가는 모든 물체는 '부력'이라는 위쪽 방향으로 작용하는 **힘**을 받는다.

　물속에 동일한 크기의 테니스공과 쇠공을 놓으면 두 공은 같은 부력을 받지만 테니스공은 위로 떠오르는 반면 쇠공은 가라앉는다. 테니스공은 부력(위쪽으로 작용)이 무게(아래쪽으로 작용)보다 크지만 쇠공은 부력이 무게보다 작기 때문이다. 두 공에 작용하는 부력의 크기가 같다는 것은 다음과 같이 이해할 수 있다. 정확히 같은 모양의 두 공은 같은 크기의 압력 차를 받으므로 같은 부력을 받는다.

더 정확히 말하면 물속에서 물체가 받는 부력은 수면 아래 잠긴 부분의 부피로만 결정된다.

물론 물속에서 작용하는 부력의 예시는 다른 모든 종류의 액체에도 보편적으로 적용되는 원리다. 그렇다면 부력의 원리가 공기 중에서도 적용이 될까? 공기 중에 있는 물체도 위쪽 방향으로 작용하는 힘을 받을까? 이는 결국 공기가 무게가 나가는지의 문제로 귀결된다.

공기 중의 부력

공기는 질소**분자**(N_2) 78퍼센트, 산소분자(O_2) 21퍼센트로 구성된다. 그

Science memo

물에 잠긴 물체

물속에서 작용하는 부력의 크기는 어떻게 결정될까? 물속에 놓여 있는 부피가 V인 물 덩어리를 상상하자. 이 물 덩어리는 떨어지지도 떠오르지도 않는데, 이는 즉 주변 물에 의해 이 물 덩어리에 작용하는 부력 A의 크기가 이 물 덩어리의 **무게**, 즉 부피가 V인 물의 무게와 같다는 의미다. 따라서 물속에 잠긴 부피가 V인 물체가 받는 부력의 크기는 부피가 V인 물의 무게와 같다. 이 때문에 물속에 잠긴 모든 물체는 그 물체가 밀어낸 물의 무게와 같은 크기의 **힘**을 위쪽으로 받는다고 말하는 것이다.

가벼운 퐁당?

부력은 물체가 밀어낸 유체의 무게에 해당하므로 유체의 **밀도**가 커짐에 따라 부력도 증가한다. 그래서 수영장보다 바다에서의 부력이 더 크다. 물체가 밀어낸 물의 부피는 두 경우에 동일하지만 염분이 있는 물이 무게가 더 많이 나가기 때문이다. 이 때문에 염도가 높은 사해(死海, 실제는 바다가 아니라 호수—옮긴이)에서는 사람이 힘들이지 않고도 떠 있을 수 있고 심지어는 물에 떠서 신문을 읽을 수도 있다!

럼 나머지 1퍼센트는 무엇일까? 대부분이 아르곤(Ar)이며 이산화탄소는 0.04퍼센트밖에 되지 않는다.

주변 사람들에게 간단한 설문조사 삼아 질문을 해보라. 공기에 무게가 있을까? 모든 사람의 답이 일치하지는 않을 테지만 어쨌든 정답은 '그렇다'다. 해수면 높이에서 공기 1L의 무게는 거의 1g, 더 정확하게는 섭씨 20도에서 1.2g이다.

물론 고도에 따라 공기는 점차적으로 희박해진다. 결과적으로 당신이 있는 건물의 1층에 2층보다 공기의 양이 많고, 집의 바닥 부분에 천장 부분보다 공기가 많으며, 발 높이에 코 높이보다 공기가 많다. 물론 누워 있는 것이 아니라는 가정 아래 말이다. 그렇다면 콧구멍이 발 높이에 있는 것이 진화론적인 관점에서 더 유리했을까? 그렇지 않다. 그 차이는 미미하기 때문이다. 해수면 높이에서는 세제곱센티미터당 대략적으로 25의 십억의 십억 개 **분자**가 있다. $25 \times 10^{18}/cm^3$다. '세제곱센티미터당 분자의 개수'라는 의미에서의 이 농도, 혹은 **밀도**는 지면 1m 높이

공기의 무게는 얼마일까

공기도 무게가 있다는 사실을 맨 처음 실험으로 입증한 사람은 17세기 중반 진공펌프를 발명한 독일의 오토 폰 게리케다. 그는 공기가 들어 있는 유리병의 무게를 측정한 뒤 병에서 공기를 빼고 또다시 그 무게를 측정했다. 두 측정 결과의 차이가 병 안에 들어 있는 공기의 무게다.

공기도 무게가 나가기 때문에 물과 마찬가지로 고도가 높아짐에 따라 압력이 낮아진다. 하지만 공기는 압축이 가능하지만 물은 압축이 거의 불가능하다는 차이가 있다. 이 때문에 마치 자신의 **무게** 때문에 내려앉는 솜 기둥처럼 공기도 그 무게에 스스로 눌리면서 압축된다 (물은 그렇지 않다).

또한 공기는 고도가 높아질수록 세제곱센티미터당 **분자**의 수도 줄어든다. 이것이 바로 알프스의 몽블랑(4810m) 정상에서의 공기 1L가 해수면 높이에서의 공기 1L보다 가벼운 이유다.

왼쪽 그림의 두 병은 모두 열려 있어 공기가 들어 있고, 오른쪽 그림의 오른쪽 병은 안의 공기를 빼낸 것이다.

Science memo

거대한 공기 사발

고도에 따라 공기가 희박해지는 이유는 무엇 때문일까? 고도에 따라
세제곱센티미터당 **분자**의 개수(혹은 결과적으로) 리터당 그램 수의
변화 곡선을 그래프로 그려보면 그 곡선의 형태는 어떻게 될까? 직선
도 아니고 원이나 타원의 일부도 아닌 바로 지수함수 형태다. 즉, 100m
씩 올라간다고 가정했을 때 매번 올라갈 때마다 세제곱센티미터당 분
자의 수가 계속 일정한 특정 양만큼 감소하는 것이 아니라(그 경우는
직선 그래프에 해당한다) 특정 수로 나뉜다는 것이다. 이 예시에서 그
수는 대략 1.012로, 공기는 100m마다 거의 1%(1.2%)씩 줄어든다. 감
소율은 느리지만 그래도 파리 에펠탑(324m) 발치와 꼭대기 사이에는
대략 3%나 차이가 벌어진다!

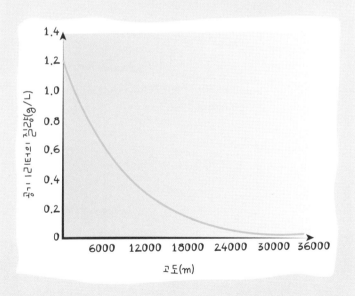

에서보다 0.012% 더 높다. 이처럼 격차가 턱없이 작기 때문에 호흡하는 데는 별 차이가 없다.

사실 이 차이는 숨을 쉬는 데에는 차이를 느낄 수 없는 정도라 무시할 수 있지만 시각적으로는 얼마든지 그 효과를 표현할 수 있다.

실제로 헬륨가스가 든 풍선이 떠오르는 것은 풍선 위쪽보다 아래쪽에 공기가 더 많기 때문이다. 이 부분은 설명을 덧붙일 필요가 있다. 우선 각 단위부피당 존재하는 수십억 개의 분자는 공기 중에 가만히 정지해 있는 것이 아니라 끊임없이 운동하고 있다. 실온에서 공기분자의 평균 운동속도는 약 500m/s이다. 시간당 킬로미터 단위로는 1800km/h에 해당한다. 질소나 산소 분자는 이와 같이 1초 만에 500m를 이동한다. 하지만 이 이동 길이는 마치 병 안에 갇힌 날파리가 멀리 가지는 못하지만 수 킬로미터만큼의 길이를 병 안에서 움직이는 것처럼 아주 작은 부피 안으로 한정된다.

평균자유경로

만약 **분자**를 아주 가까이에서 관찰할 수 있다면, 분자가 매 초 이웃한 다른 분자들과 수십억 번씩 충돌했다가 다시 튕겨나가는 장면을 볼 수 있을 것이다. 연속적인 두 번의 충돌 사이에 직선으로 자유롭게 이동한 평균 거리를 '평균자유경로'라고 한다.

분자 하나가 1초에 500m를 진행하며 다른 분자들과 70억 번을 충돌하므로 공기 분자의 평균자유경로는 500m/7×10⁹=0.07㎛(마이크로미터)가 된다. 이 충돌과 튕겨나감은 공기분자 사이뿐만 아니라 벽, 가구, 먼지입자 등 어떤 것에 대해서든지 일어날 수 있다. 그리고 이러한 충격과 튐 때문에 분자는 물체에 **힘**을 작용하게 된다.

고무압축기가 판에 단단하게 붙어 있는 것도 압축기에 대한 공기분자의 셀 수 없이 많은 충돌과 튕겨나감 때문이다. 그 표면이 넓을수록 더 단단하게 붙어 있을 수 있는데, 그러려면 압축기를 세게 눌러서 압축기와 판 사이의 공기 일부를 빼내야만 한다.

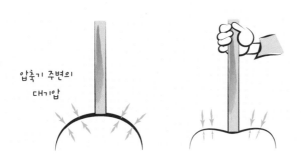

압축기 주변의
대기압

다시 헬륨 풍선을 예로 들면, 높은 곳보다 낮은 곳이 분자 **밀도**가 더 높으므로 풍선의 위쪽보다 아래쪽에 더 많은 공기분자가 충돌해서 아래보다 위를 향해 더 강하게 밀린다. 따라서 그 힘의 총합, 즉 합력은 위로 작용한다. 이것이 바로 공기 중의 부력이다.

'스스로 지탱하는' 공기

공기 중의 공기는 **온도** 차나 습도 차가 없다면 떨어지지도 올라가지도 않는다. 이것이 바로 저울 위에 수 톤의 공기가 있어도 저울에는 표시되지 않는 이유다. 공기는 바로…… 공기가 지탱하기 때문이다. 일반적으로 어떤 높이에 있는 공기는 그 높이 아래에 있는 모든 공기로 지탱된다. 이것은 '공기가 자기 **무게**에 눌린다'는 말의 의미이기도 하다(40쪽 '위대한 발견' 참고).

바닥에 수직으로 일 자 모양의 용수철을 세워서 그 위에 벽돌을 놓는다고 상상해보라. 용수철이 벽돌의 무게 때문에 점점 짓눌린다. 용수철은 압축됨에 따라 점점 더 세게 벽돌을 위쪽으로 밀어내는데, 이렇게 미는 힘의 크기가 벽돌의 무게와 같아질 때까지 계속 민다. 두 힘의 크기가 같아지면 평형을 이루어 벽돌이 더 이상 움직이지 않을 것이다.

대기도 마찬가지다. 지면 높이에 있는 공기 1L를 용수철로, 그 위에서 짓누르는 공기 기둥을 벽돌로 생각할 수 있다. 용수철이 벽돌의 무게를 지탱하는 것과 같이 공기의 무게를 공기가 지탱한다. 차이점은, 공기는 용수철처럼 압축된 상태를 한 방향으로만 해소하려고 하는 것이 아니라 마치 손으로 거품 볼을 꽉 쥘 때처럼 사방으로 그러한다는 것이다.

대기는 압력을 가한다

대기 압력은 얼마일까? 답을 찾기 위해, 물이 담긴 수조 안에 물을 가득 채운 병의 입구를 뒤집어 넣어보자. 뚜껑이 없는데도 병 안의 물이 빠져 나오지 않는 걸 확인할 수 있다. 그 이유는 무엇일까? 17세기부터 이미 공기는 무게가 있고, 압력을 가한다고 알려져 왔다. 바로 이 대기의 압력이 수조 안의 수면에 작용하면서 병 안의 물이 빠져나오지 못하는 것이다.

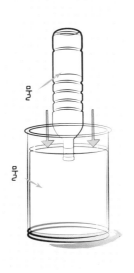

대기압의 표시
병 안의 물이 빠져나온다면 아래쪽 용기의 수면이 높아질 것이다.
하지만 수면을 누르는 공기의 무게 때문에 그런 일은 발생하지 않는다.

이제 빨대를 유리용기 안에 꽂아보자. 물이 빨대를 타고 올라가도록 빨대 바깥의 공기가 용기의 수면에 압력을 가하는데도 물이 빨대를 타고 올라가지 않는다는 걸 알 수 있다. 왜 그럴까? 빨대 안에 있는 공기도 같은 압력을 수면에 가하기 때문이다. 입으로 빨아들이거나 해서 이 공기를 빼내야만 빨대 안의 압력이 대기압보다 낮아져서 물이 올라온다. 일반적으로 생각하는 것과는 달리 빨대를 타고 올라오는 물은 위에서 '빨아들여서' 올라오는 것이 아니라 대기압이 작용하여 아래에서 밀어 올리는 것이다. 이는 '빨아들이기'가 관계되는 다른 일에서도 마찬가지다.

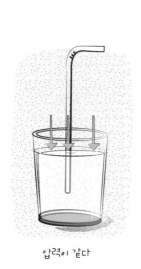

압력이 같다

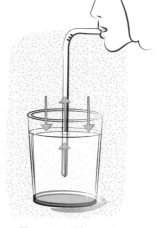

빨대 안의 압력이 더 낮다

빨아들여서 끌어당기는 것이 아니다
빨대 안에 있던 공기가 입으로 빠져나가면 대기압 때문에 빨대 안으로 물이 아래에서 위로 밀려 올라간다.

우물공들의 문제
'빨아들이는' 펌프를 이용해서 우물 바닥에서 물이 올라오도록 한다.
하지만 우물의 깊이가 10미터를 넘어가면 물이 위까지 올라오지 못한다.

물이 올라감에 따라 빨대 안의 물은 점점 무거워져서 용기 안의 물에 점점 더 큰 압력을 가한다. 그러다 어느 순간 이 압력이 대기압과 같아지면 물은 더 이상 올라오지 않는다. 이것은 이미 우물공들에게는 잘 알려져 있었다. 우물이 너무 깊으면 물이 지표면까지 올라오도록 할 수 없었던 것이다.

실험해보면, 물은 10m까지는 올라오지만 그 이후에는 멈추어버린다. 이는 10m짜리 물기둥의 무게가 그와 같은 단면적에 대해 높이를 대기의 높이로 하는 공기 기둥의 무게와 같다는 말이다. 물을 그보다 밀도가 더 높은 다른 액체로 대체하면 기둥의 높이가 더 낮아진다고 짐작할 수 있다.

토리첼리의 기압계

이탈리아 학자 에반젤리스타 토리첼리는 수은을 이용하여 다음과 같은 실험을 했다. 1m 길이의 관에 수은을 채워서 수은이 담겨 있는 넓은 용기 안에 그 입구를 뒤집어 넣었다. 그러자 관 안에 있는 수은의 높이가 낮아지다가 용기에 담긴 수은 면에서 760mm 높이가 되는 지점에서 멈추는 것을 확인했다.

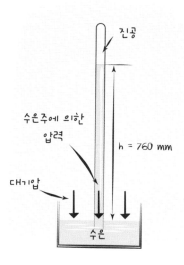

이어서 그는 날마다 수은 기둥의 높이가 조금씩 달라지는 것을 알아차렸는데, 매우 적절하게도 이것이 날씨에 따른 대기압의 변동 때문이라고 생각해낸다. 특히 압력이 높아지면 날씨가 좋아지는 반면 압력이 낮아질 때는 보통 날씨가 좋지 않은 것을 관찰할 수 있었다. 이것이 바로 현대 기상학의 시초다.

더 정확하게는 물기둥의 높이는 10.33m다. 단면적이 1cm²인 이 높이의 기둥이 그 바닥 부분에 가하는 압력이 얼마나 되는지 살펴보자. 1000cm³의 물의 **무게**는 1kg이므로 계산하면 1.033kg이 되는데, 이는 1cm²당 무게 1.033×9.81=10.134N(**뉴턴**)에 해당한다. 제곱미터 단위로는 10000배를 해주면 약 101300N/m²(36쪽 Science memo 참고), 혹은 101300Pa, 또는 1013hPa(헥토파스칼)이 된다. 일기예보에서 자주 들리는 바로 그 단어 말이다.

대기압이 1kg/cm²의 무게와 같다는 것은 단면적이 1cm²인 압축기가 천장에 붙어 있을 때 이상적으로는 1kg까지는 분리되어 떨어지지 않고 버틸 수 있다는 것을 의미한다.

또한 1830년대 베버 형제의 실험으로 우리 몸의 일부분도 '압축기 효과'로 붙어 있다는 것이 밝혀졌다. 특히 대퇴골은 기압에 의해 골반의 관절강에 밀어넣어져 있다.

잼 병의 압축기 효과

꽉 닫혀 있는 새 잼 병을 하나 준비하세요. 제조사가 잼 윗부분을 진공 상태로 만들어놓았기 때문에 뚜껑 바깥쪽의 공기와 접하는 면에는 **분자**들이 와서 충돌하지만 잼 쪽 면은 충돌이 훨씬 적어서 뚜껑을 열기가 쉽지 않습니다. 뚜껑이 병에 단단히 붙어 있는 것이지요.

만약 뚜껑의 면적이 $70cm^2$라면, 이는 70kg이 위에 올려져 있는 뚜껑을 돌려야 한다는 것을 의미합니다. 쉽지 않겠지요. 숟가락을 이용한다든지 해서 뚜껑 밑으로 공기가 들어가도록 해주지 않는다면 말입니다. 이렇게 하면 그 안에 들어간 공기가 뚜껑 위에 놓여 있는 70kg의 외부 공기를 지탱하게 되면서 개봉을 쉽게 해줍니다.

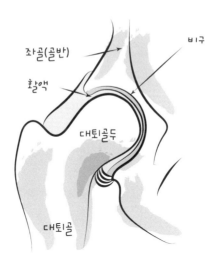

좌골(골반)

비구

활액

대퇴골두

대퇴골

대퇴골의 생체역학

대퇴골두의 관절단면은 대략 20cm²다.
이는 대기압만으로 관절강 내에 '압축기 효과'를 통해 20kg을 지탱할 수 있고,
이를 통해 근육과 인대의 부담을 덜어준다는 것을 뜻한다.

따라서 공기는 뼈와 관절 연결 방식에 영향을 미칠 수 있다. 그러니 날씨 변화에 민감한 관절을 가진 사람은 어쩌면 '기압'을 느끼는 감각이 있는 것일지도 모른다!

흐르는 도중의 압력 하강

아주 쉽게 할 수 있는 실험입니다. 이 실험에서는 정지해 있는 유체가
아니라 흐르는 유체의 압력을 다룹니다. 빨대 하나와 물이 담긴 잔 하나
만 준비하면 됩니다. 빨대를 둘로 잘라서 하나는 물속에 수직으로 꽂아
줍니다. 나머지 하나는 한쪽 끝을 입에 물고, 반대쪽 끝은 수직으로 세
워 놓은 빨대의 꼭대기 부분에 약간 가려지도록, 그래서 좁아지는 부분
이 생기도록 위치시킵니다. 입으로 바람을 불었을 때, 어떤 속도로 입
에서 나온 공기는 좁아지는 구간에 도달하면 가속을 해야만 합니다. 이
속도의 증가, 즉 에너지의 증가는 압력손실을 동반해서 수직으로 꽂아
놓은 빨대 꼭대기 부분의 공기압력이 떨어지게 됩니다. 그러면 물이 올
라오고, 수평으로 분출되는 공기에 의해 미세한 물방울의 형태로 분사
되어 나옵니다.

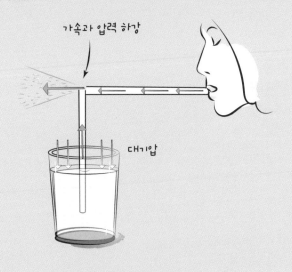

4

냉정과 열정 사이

열과 온도

열과 **온도**는 일상생활에서 종종 혼동하는 용어다. 여러 가지 예를 통해 이를 좀 더 명확히 살펴보고, 동시에 **기화**나 **끓음** 같은 현상도 살펴본다.

우선 벽난로 앞에 편안히 앉아 있다고 상상하자. 불이 열을 공급하여 주변 공기의 온도가 올라간다. '공기에 열을 공급하면 온도가 올라간다.' 이 문장은 이해도 되고 의미도 있다. 반면 '공기에 온도를 공급하면 그 열이 올라간다.'는 문장은 아무 의미도 없다. 두 단어가 서로 동의어가 아니라는 말이다.

그럼 이제 0℃의 얼음 조각을 상상해보자. 이 얼음 조각을 불 가까이에 두어 열을 공급한다. 그러면 그 온도가 1℃로, 2℃로 이렇게 올라갈까? 그렇지 않다. 즉 어떤 물체에 열을 공급해도 온도는 올라가지 않을 수도 있다는 말이다. 위의 예에서 공급한 열은 얼음을 녹인다. 마찬가지로 끓는 물에 열을 가하면 물의 온도가 올라가는 것이 아니라 끓는 상태를 계속 유지한다.

얼음의 '가벼움': 흔치 않은 성질

날씨가 추우면 거리에 얼어 있는 물웅덩이를 볼 수 있다. 그 구조는 항상 동일하다. 표면에는 얼어붙은 얼음 층이 있고, 그 아래는 물이다. 우리는 이런 구조에 너무나도 익숙해서 이에 대한 어떤 의문도 제기하지 않는다. 당연해 보이니까 말이다. 그런데 왜 물은 아래부터 얼지 않는 것일까? 이것은 물의 특수한 성질 때문으로, 물의 **밀도**가 4℃에서 최대가 되기 때문이다. 따라서 얼기 전 0℃의 물은 위쪽 표면에 위치하게 된다. 게다가 얼음은 액체 상태의 물보다 밀도가 낮아서 한번 얼음이 형성되고 나면 가라앉지 않고 표면에 머무른다. 만약 물이 이런 흔치 않은 성질, 이런 이상한 성질이 없고 그 밀도가 0℃에서 최대였다면 물은 아래쪽부터 얼기 시작하여 표면에는 액체 상태로 남아 있을 것이다. 그러면 겨울철에 보이는 물웅덩이는 결코 우리가 지금 알고 있는 그 모습이 아닐 것이다.

이제 얼음 조각을 물 잔에 넣어보자. 전체의 온도가 0℃가 된다. 이를 -5℃의 냉동실에 넣는다. 그러면 물의 온도가 -1℃, -2℃ 이렇게 내려갈까? 그렇지 않다.

물은 계속 0℃에 머무르며 우선 전체가 다 언 뒤, 이 얼음의 온도가 -5℃까지 점차 내려간다. 즉, 어떤 물체에서 열을 빼앗아도 그 물체의 **온도**는 내려가지 않을 수도 있다.

수수께끼를 계속 파헤쳐보자. **열**을 가하지 않고도 물체의 **온도**를 높일 수 있을까? 다시 말해 그 물체보다 더 뜨거운 물체와 함께 두지 않고서도 말이다. 정답은 '그렇다!'다. 예를 들어 그 물체에 마찰을 일으켜 그렇게 할 수 있다.

미시적인 스케일에서 10℃의 물과 20℃의 물에는 어떤 차이가 있을까? 그 차이는 바로 물 **분자**의 운동속도인데, 찬물보다 더운물의 분자 운동속도가 더 빠르다. 물론 이때 속도는 평균 속도를 말한다. 즉, 어떤 물체의 온도 변화는 그 물체를 구성하는 **원자**나 분자의 평균 운동속도의 변화를 나타낸다.

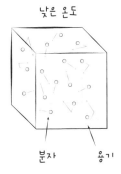
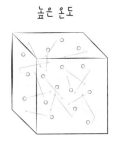

낮은 온도   높은 온도

분자   용기

온도는 입자의 평균 운동속도를 나타낸다.

❄
찬물

🔥
더운물

찬물보다 더운물에서 잉크 방울이 더 빨리 퍼지는 것을 육안으로도 확인할 수 있는데, 이는 더운물의 분자 운동이 더 활발하기 때문이다.

더 자세히 말하자면 **온도**는 물체를 구성하는 입자의 평균 **운동에너지**에 해당하고, 이 에너지는 질량에 비례하며 속도의 제곱에 비례한다. 따라서 어떤 입자보다 네 배 더 가벼운 입자는 평균적으로 두 배 더 빠른 속도로 운동한다. 몇 가지 예를 들어보자. 공기의 주요 구성요소이자 질량이 매우 비슷한 질소분자와 산소분자의 평균 운동속도는 각각 515m/s와 480m/s로 거의 비슷하다. 7%의 차이는 질소분자가 14% 더 가볍다는 것으로 설명된다. 질소분자보다 60%가량 질량이 큰 이산화탄소분자의 운동속도는 410m/s'밖에' 되지 않는다.

온도가 분자운동의 평균 **운동에너지**를 나타내는 척도라고 할 때, 온도가 서로 다른 두 물체 사이에서는 더운 물체에서 차가운 물체로 에너지 이동이 일어난다고 이해할 수 있다. 이때 이동한 에너지가 바로 **열**이다.

브라운 운동

1827년 영국 식물학자 로버트 브라운은 현미경으로 꽃가루에서 나온 작은 입자의 운동을 관찰한다. 그 이전에도 다른 이들이 이런 운동을 관찰한 적이 있지만, 그들은 이것을 '생명력'이라고 여기며 **자연발생**적인 생명의 탄생으로 잘못 생각했다. 하지만 무기물질에서도 유사한 현상이 관찰되면서 이 '브라운 운동'은 브라운의 생각처럼 생명과는 아무런 관련이 없다는 것이 드러났다.

한참이 지난 후에 아인슈타인은 이에 대한 이론을 정립하고 작은 입자가 원래의 자리에서 얼마의 속도로 멀어져 가는지, 혹은 아주 가벼운 입자들이 어떻게 침전하는지 등을 보인다.

프랑스 물리학자 장 페랭은 이 이론을 실험적으로 입증하며 **원자**의 존재를 증명하는 확실하고 명백한 첫 증거를 제시했다. 그는 이 발견으로 1926년 노벨물리학상을 수상했다.

열 교환을 막아주는 단열

스웨터를 입는 것은 추위에 대비하는 좋은 방법이다. 스웨터의 섬유 안에 공기를 효과적으로 가두면서 신체와 접하는 공기가 바깥의 찬 공기와 교환되지 않도록 해주기 때문이다. 이와 같이 스웨터는 데워주는 것이 아니라 단열재의 역할을 하여 우리 몸의 열 손실을 크게 줄여준다. 다음 쪽에 나오는 '얼음의 생존' 실험으로 이를 확인할 수 있다.

더 차가운 금속, 착각일까

어떤 물질은 열을 잘 전도하고 다른 어떤 물질은 그렇지 못하다. 예컨대 나무는 열전도성이 좋지 못한 반면 금속은 열을 잘 전도하는 물질이다. 온도가 20℃인 방에 있는 나무 탁자와 금속 의자의 **온도**는 방의 온도와 같다.

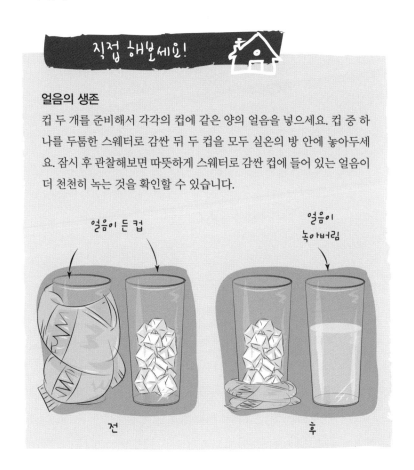

직접 해보세요!

얼음의 생존
컵 두 개를 준비해서 각각의 컵에 같은 양의 얼음을 넣으세요. 컵 중 하나를 두툼한 스웨터로 감싼 뒤 두 컵을 모두 실온의 방 안에 놓아두세요. 잠시 후 관찰해보면 따뜻하게 스웨터로 감싼 컵에 들어 있는 얼음이 더 천천히 녹는 것을 확인할 수 있습니다.

얼음이 든 컵

얼음이 녹아버림

전

후

하지만 손으로 만져보면 의자가 더 차갑게 느껴진다. 느낌만 그러한 것일까 아니면 실제로도 그런 걸까? 일단은 의자의 온도가 탁자와 마찬가지로 20℃이므로 차갑게 느끼는 것은 착각이라고 답할 수 있다. 그런데도 의자가 더 차갑게 느껴지는 것은 손에서 의자로 넘어간 열이 금속을 통해 빠르게 전달되면서 손에서 계속 열이 빠져나가기 때문이다. 하지만 이는 완전한 답은 아니다. 열은 언제나 자발적으로 뜨거운 물체에서 차가운 물체로 이동하는데, 손에서 금속으로 열이 넘어가는 것은 금속이 손보다 더 차갑기 때문이다. 그런데 나무에서 그렇게 되지 않는 것은 손과 나무가 접촉하는 지점에서 즉각적으로 나무와 손의 온도가 평형을 이루기 때문이다.

결과적으로 손과 접촉하고 난 다음에 접촉 지점의 온도는 나무가 실제로 더 따뜻한 것이 맞다. 착각이 아니다. 정리하면 만지기 전에는 나무와 금속의 온도가 같지만 접촉하는 그 지점에서는 더 이상 그렇지 않다는 것이다.

불어서 식히기

입으로 바람을 불면 컵에 담긴 차를 식힐 수 있다. 어떻게 그렇게 되는 것일까? 우선 표면에 있는 일부 물 **분자**는 주변 다른 분자들과 충돌하면서 무작위로 이들로부터 에너지를 받아 액체를 탈출하기도 한다. 그러면 이 분자는 공기 중에 있게 되는데, 이를 기화한다고 한다. 남아 있는 분자들은 에너지를 빼앗겼으므로 운동을 덜하게 되어 잔에 있는 차가 식는다. 이를 **기화**냉각이라 한다. 물론 도망간 분자들이 다시 액체로 돌아오는 것은 막아야 한다. 반대로 보상하는 효과를 가져올 수 있기 때문이다.

이것이 우리가 입으로 바람을 불었을 때 일어나는 일이다. 도망간 분자들을 아주 쫓아내 버려서 차가 더 잘 기화하도록 하여 빨리 차를 식히는 것이다. 게다가 이렇게 하면 차의 표면 바로 위에 있는 더운 공기를 더 시원한 공기로 대체할 수도 있어서 **열** 교환이 더 잘 이루어진다. 엄밀하게 따지면, 차 자체에 바람을 부는 것이 아니라 차 바로 위쪽에 바람을 불어주어야 한다.

우리가 물 밖으로 나올 때 바람이 불면 추위를 느끼는 것도 같은 원리다. 우리 몸을 식혀주는 것도 땀의 기화현상이다. 원래 땀의 주요 기능이 체온이 올라가는 것을 방지하는 것이기도 하다. 습할 때보다 건조할 때에 더위를 더 잘 견딜 수 있는 것도 대기에 이미 수증기가 많이 포함되어 있을 때보다 건조할 때 땀이 훨씬 더 잘 기화하기 때문이다.

당신의 개가 자주, 특히 날씨가 더울 때 혀를 길게 늘어뜨린다면 그것

은 그 개의 몸을 식혀주어야 한다는 뜻이다. 땀샘이 거의 없는 개가 물을 증발시킬 수 있는 거의 유일한 방법은 헐떡이는 것뿐이기 때문이다.

물이 끓을 때는 어떤 일이 벌어지는 걸까

이제 **끓음(비등)** 현상을 생각해보자. 이 현상은 기포의 형성을 동반한다. 이 기포에는 공기가 들어 있는 것이 아니라 수증기가 들어 있다.

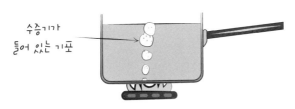

수증기가
들어 있는 기포

끓음은 반드시 기포를 동반한다
끓는 물의 기포에는 수증기(공기가 아님)가 들어 있고, 냄비의 바닥에서 만들어진다.

아하!

증기, 김, 박무, 안개

'수증기'와 '안개'를 혼동하지 않도록 주의하라. 수증기는, 예컨대 우리가 숨을 내쉴 때 입에서 나오는 것으로 눈에 보이지 않는다. 날씨가 추우면 수증기가 공기 중에서 물방울 형태로 응결되어 눈에 잘 보이는 안개나 박무가 된다. 마찬가지로 주전자에 물을 **끓일** 때 부리 끝에서 관찰되는 것은 안개다. 박무와 안개의 차이는 관례적인 것으로, 가시거리가 1000m 미만이면 안개, 그 이상이면 박무라고 한다. 김은 유리창 같은 어떤 표면 위에 수증기가 응결되는 것이다.

냄비에 물을 부을 때 미세한 공기주머니가 냄비 내벽 면에 있는 고르지 않은 작은 부분이나 공동에 갇혀서 그 안에는 물이 들어가지 않는다. 물을 데우면 표면에서 증기가 빠져나와 대기 중으로 사라지는데, 공기 주머니를 만드는 냄비 안쪽의 공동으로도 증기가 빠져나간다. 하지만 바깥에서 물의 표면 위로 작용하는 대기압은 공기주머니에도 작용해서 이 공기주머니가 팽창하는 것을 막는다. 공동 안의 증기압이 충분히 증가하여 외부에서 작용하는 대기압보다 커질 때까지 말이다. 이는 해수면 높이에서, 즉 1013hPa의 기압에서 온도가 100℃가 될 때 일어난다. 그러면 이때 증기 기포가 만들어져 공동에서 빠져나오는 것이다. 공동은 이와 같이 증기 트랩이자 '비눗방울 기계'의 역할을 한다.

압력솥의 효과

물은 1013hPa의 표준기압에서 온도가 100℃가 되면 **끓기** 시작한다. 그런데 압력이 이보다 낮으면 물도 더 낮은 **온도**에서 끓는다. 예를 들어 몽블랑과 에베레스트의 정상에서는 압력이 매우 낮아서 몽블랑에서는

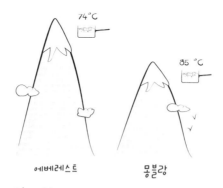

74 ℃

85 ℃

에베레스트   몽블랑

끓는 온도는 압력에 좌우되기 때문에 고도에 따라 달라진다.

85℃, 에베레스트에서는 74℃가 되면 물이 끓는다.

반대로 외부 압력이 더 높으면 공동 안의 증기압도 더 커져야 한다. 이를 위해서는 물의 온도가 더 높아야 한다. 이것이 바로 내부 압력이 대기압의 두 배인 압력솥 안에서 벌어지는 일로서, 압력솥 안의 물은 120℃에서 끓는다. 이 추가적인 20℃ 덕분에 음식의 익힘에 관여하는 화학반응이 네 배 더 빠르게 진행되어 조리시간이 4분의 1로 줄어든다.

직접 해보세요!

병과 동전

유리병 하나를 냉장고의 얼음 칸에 두어 충분히 냉각하세요. 그다음 이 병을 꺼내서 입구에 동전을 하나 올려놓습니다. 이때 입구 가장자리를 적셔서 물로 이음 부분을 만들어 공기가 통하지 않도록 해줍니다. 병이 데워짐에 따라 **분자**의 운동속도, 즉 압력이 증가합니다. 압력이 충분히 증가하면 동전이 들리면서 병이 '트림'을 하며 공기가 조금 빠져나갑니다. 그러고 나면 동전은 다시 원래대로 누워 있다가 잠시 뒤 같은 일을 반복합니다. 이처럼 동전의 무게가 마치 압력솥의 조절추처럼 병 안의 기압을 조절합니다. 압력솥 조절추의 무게는 솥 내부의 압력이 2기압을 유지하도록 정해진 것입니다.

차가운 병   데운 병

팝콘 안의 압력솥

버터플라이 품종의 옥수수 낱알에 열을 가하면 그 안에 들어 있는 소량의 수분이 점차 증기로 변하지만 아주 작고 질긴 껍질 안에 갇혀 있기 때문에 밖으로 빠져나오지는 못한다. 따라서 가해진 **열** 때문에 내부 수분의 **온도**가 올라가면서 압력이 높아지다가 압력이 대기압의 아홉 배, 온도가 약 175℃에 도달하면 이 껍질이 더 이상 버티지 못하고 터지면서 당장이라도 맛볼 수 있는 팝콘이 되는 것이다.

라이터 안의 부탄가스

압력이 증가하면 **끓는** 온도를 무한정 높일 수 있다고 생각할 수도 있다. 하지만 실제로는 어느 지점까지만 그러하고 일정 압력과 그에 상응하는 끓는 온도를 넘어서면 더 이상 액체와 증기가 구분되지 않는 상태가 온다. 그러면 일종의 액체와 증기의 중간 상태인 새로운 물질 상태가 나타나는데, 이를 '**초임계**' 상태라고 한다. 물은 374℃, 218기압에서 이 상태에 도달하는데, 이것이 물의 **임계**온도, **임계**압력 값이다. 이는 압력이 대기압의 218배일 때 물을 끓이려면 온도를 374℃까지 올려야 한다는 말이다. 더 높은 압력에서 물을 끓이려면 액체의 온도도 더 높여야 하는데 바로 이 부분이 문제다. 374℃ 이상의 온도에서는 액체 상태의 물이 존재하지 않기 때문이다. 예를 들어 부탄은 임계온도가 152℃이므로 실온에서 액체 상태로 존재할 수 있다. 그래서 액체 부탄을 카트리지나 라이터에 압력을 가해 집어넣을 수 있다.

반면 산소의 **임계온도**는 -118℃이기 때문에 병원에서 흔히 보는 실온에 놓여 있는 산소통 안의 산소는 액체도 기체도 아닌 **초임계** 상태다. 적어도 통 안의 압력이 산소의 임계압력인 50기압 혹은 50**바**(bar) 이상이라면 말이다.

5

세상의 모든 물질은 전기를 띤다

밑창이 고무인 신발을 신고 카펫 위를 걷고 난 뒤 문의 손잡이를 만지면 **스파크**가 튄다. 이 찌릿한 '전기 충격'은 전기 현상이 어디에나 존재한다는 것을 알려준다. 전기기기(전등, 컴퓨터, 휴대전화 등)뿐만 아니라 벽, 카펫, 물방울 등 일상생활 속 모든 물건에 말이다. 통상적으로 전하의 운동(**전류**)과 관계되는 현상과 정전기를 유발하는 현상은 구분해서 생각해야 한다.

원자의 구조를 다시 떠올려보자. 중심부의 **핵**은 **양성자**와 **중성자**로 구성되고 그 주변에 **전자**들이 있다. 전자와 마찬가지로 양성자끼리는 서로를 밀어낸다. 하지만 양성자와 전자는 서로 끌어당긴다. 이와 같은 인력과 척력, 이 **힘**들을 전기력, 더 정확히는 **정전기**력이라 한다. 전자와 양성자는 도처에 존재하기 때문에 전기적 상호작용은 우리 일상에서 일어나는 대부분의 현상(두 물체의 충돌, 물감이 도화지에 접착되는 것 등)에 관여한다. 일상적인 스케일에서 어떤 사건이 중력 효과에 따른 것이 아니라면, 즉 뭔가 낙하하는 것이 아니라면, 대체적으로 말해서 그것은 전기적 상호작용의 영향을 받은 것이라고 할 수 있다.

여전히 알 수 없는 전하

전자는 음의 전하를 띠고 양성자는 양의 전하를 띤다는 말을 들어본 적이 있을 것이다. 하지만 전하가 무엇인지 정확하게 얘기할 수 있는 사람이 없다는 점은 보통 언급되지 않는다. 우리가 알고 있는 것은 이 두 입자가 같지 않다는 것인데, 이는 두 입자의 질량이 같지 않아서일 뿐만 아니라 이들이 상호작용하는 방식도 같지 않기 때문이다.

이들은 서로 끌어당기거나 밀어내는데, 이러한 반대 현상은 양성자와 전자가 서로 반대되는 성질과 특성이 있다는 의미다. 그리하여 이 성질을 '전하'라고 명명하고, 두 입자가 서로 반대되도록 하는 것은 양성자의 전하가 '+'이고 전자의 전하가 '-'라는 사실이라고 말하기로 정한 것이다. 그렇다고 해도 전하가 무엇인지는 여전히 알 수 없다. 양성자와 전자가 서로 반대되도록 해주는 것이라는 것 말고는…….

원자는 '보통은' 중성이다. 즉, 동일한 양의 '+'와 '-'로 되어 있다는 것이다. 그렇지 않다면 원자는 이온화 상태로서, 원자에 전자가 부족한 것인지 아니면 너무 많은 것인지에 따라 양**이온**과 음**이온**이 된다.

원자 안에서 전자는 핵에서 아주 멀리 떨어져 있는데, 그 거리는 원자핵 직경의 1만 배에서 10만 배에 달한다. 원자핵의 직경을 1cm라고 가정하면 전자

양 혹은 음?

기업의 재무회계에서 서로 반대되는 대변과 차변이라는 용어를 쓴다. 벤저민 프랭클린은 대변은 양으로 차변은 음으로 계산하는 것에서 따와서 '음'과 '양'을 전기 분야에서도 사용하기로 정했다.

그 당시에는 **전자**와 **양성자**의 존재는 알지 못했으나 전기적 인력과 척력 현상이 일부 알려져 있었기 때문에 이와 같은 '+'와 '-'의 개념을 도입할 수 있었다. 유리막대에 모직헝겊을 대고 문지르고 나면 서로 끌어당긴다는 것이 그 당시 알려져 있던 현상의 한 예다.

는 그로부터 1km 떨어진 곳에 있는 셈이다. 그래서 두 개의 원자가 서로 가까워질 때, 너무 멀리 떨어져 있는 원자핵은 무시하고 한 원자의 전자와 다른 원자의 전자가 상호작용하면서 서로 밀어낸다. 적어도 어느 정도 거리까지는 말이다. 그 이상 가까워지면 두 원자 사이에 결합이 형성될 수 있기 때문이다. 10^{-15}m만큼(100만분의 1mm의 100만분의 1) 떨어진 거리에 있는 두 **전자** 사이에 작용하는 정전기 척력의 크기는 23kg

짜리 물건의 **무게**와 같다. 말하자면 한 전자를 다른 전자 위에 이 거리
만큼 떨어진 곳에 놓아두려면 그 전자 위에 23kg짜리 물건을 올려놓아
야 한다는 것이다.

각각 무게가 10^{-30}kg밖에 되지 않는 전자 단 두 개 사이에 작용하는 엄
청난 척력을 보면, 접촉의 개념은 우리가 일반적으로 생각하는 것보다
더 섬세하다고 할 수 있다. 그렇다면 당신의 손가락 표면에 있는 수십억
개 원자의 전자가 책 표면에 있는 원자의 전자에 정말로 닿아 있다고 할
수 있을까? 같은 이유에서, 탁자 위에 놓인 컵은 탁자에 '닿아' 있지 못
하고, 우리의 발도 지면에 '닿지' 못한다. 전자기 척력이 너무 강해서 거
리를 두고 '접촉'이 이루어지기 때문이다. 더 보편적으로 말하면 원자는
그 전자를 통해 상호작용하기 때문에 접착, 마찰, 충돌, 결합, 점성 혹은
화학반응 같은 현상들은 모두 전기력에 종속되어 있다. 전기적 상호작
용이 없다면 세상은 지금 우리가 아는 것과는 전혀 다른 모습일 것이다.

정전기

서로 다른 소재의 두 물질을 맞대어 마찰시키면(때로는 같은 성질의 물질일 때도) 그 즉시 둘 중 하나는 다른 편의 **전자**를 얻어 음이 되고, 전자를 빼앗긴 쪽은 양으로 하전된다. 이때 이들을 대전 혹은 하전되었다고 표현한다. 놀랍게도 이런 전하의 이동이 일어나는 원리는 알려져 있지 않고, 현대 물리학도 이에 대해 만족할 만한 설명을 하지 못한다. 그러나 많은 경우에 이런 이동은 별로 유익하지 않다. 실제로 정전기는 전자부품을 고장나게 하거나 제품에 불이 붙게 하고 폭발을 유발하거나 먼지가 쌓이게 만드는 방전현상의 원인이다.

자동차와 전기가 통하는 느낌

누구나 자동차에서 내리면서 혹은 집 안에서 문손잡이를 만지다가 또는 서로 볼인사를 나누다가 작은 전기방전 현상을 겪어보았을 것이다. 전기가 통하는 바로 그 느낌 말이다.

이 또한 거의 동일하게 설명할 수 있다. 마찰에 이은 전자의 이동이다. 신발이 카펫과, 옷이 자동차 좌석과 마찰되거나 차바퀴가 도로와 마찰을 일으키기도 하고, 혹은 자동차와 공기 사이에도 마찰이 발생한다. 그러면 우리가 음으로 혹은 양으로 대전되는 것이다. 그러면 대전된 물체가 다시 중성으로 돌아가기 위해 전기적 평형회복이 일어나면서 스파크가 발생한다. 자동차에서 스파크를 피하려면 차 문을 닫을 때 도체

인 금속을 만지기보다는 절연체인 유리창을 밀어 닫는 것이 좋다.

정전기력의 어마어마한 크기 때문에 우리 몸에 과잉인 전하 각각에는 아주 큰 척력이 작용하면서 퍼텐셜 에너지라는 에너지까지 갖게 된다. 이 에너지도 다른 모든 에너지처럼 줄(J) 단위로 측정된다. 단위전하당 에너지는 전기퍼텐셜이라고 하며 **볼트**(V) 단위로 측정된다. 우리 신체에는 2000V의 전기퍼텐셜이 쉽게 생길 수 있어서 약 1mm의 스파크를 만들어낼 수 있다. 하지만 이 스파크는 우리 건강에 전혀 위험하지 않다. 왜 그럴까? 2000V에서 우리 신체의 전기적 불균형에는 아주 작은 양의 전하만이 관여하기 때문이다. 여기서 '아주 작은'이라고 하는 것은 조 단위, 즉 10^{12} 단위만큼의 **전자**가 더 많거나 더 적다는 것으로, 이는 우리 신체를 구성하는 전체 전하의 개수가 10^{28}단위인 것에 비하면 턱없이 작은 비율이다. 2000V에서 전하 하나의 에너지는 대략 10^{-16}J로, 불균형 상태에 관여되는, 즉 스파크에 관여되는 에너지는 이보다 조 단위만큼 더 큰 10^{-4}J($10^{12} \times 10^{-16}$)로 고작 0.1mJ밖에 되지 않는다. 그러니 위험하지 않다는 것이다. 그러나 이 현상은 순간적으로는 고통스러울 수 있다. 왜일까? 이 에너지의 크기가 아주 작다고 해도 극히 짧은 시간, 즉 스파크가 튀는 시간에 집중되기 때문이다. 이를 이해하려면 다음과 같이 생각하면 된다. 1g짜리 구슬 1000개가 1m 높이에서 1분에 하나씩 발 위에 떨어진다면 이때 발에 전달되는 전체 에너지는 같은 높이에서 1kg짜리 공이 발에 한 번 떨어지는 것과 같다. 하지만 그 고통은 절대 같지 않다.

먼지는 아무 데나 가서 붙지 않는다

털실이나 머리카락으로 플라스틱 자를 문질러서 자를 대전시키면 작은 종잇조각을 끌어당긴다. 자가 띠는 전하를 음전하라고 가정하면(스웨터나 머리카락에 대고 문질렀을 때) 이 전하의 영향으로 전체적으로는 전하를 띠지 않는 중성의 종잇조각에서 자에 가까운 끄트머리 쪽이 양의 전하를 띠게 되어 자에 달라붙는 것이다. 실제로 종잇조각의 이 부분에 있

풍선을 끌어당기는 방법

바람 넣은 고무풍선을 헝겊이나 카펫 혹은 스웨터에 대고 문지르세요. 그다음 벽에 가까이 가져가면 풍선이 벽에 달라붙을 것입니다. 마찰 때문에 음으로 하전된 풍선을 벽에 가까이 가져가면 벽은 원래 중성이지만, 벽의 **전자** 중 일부가 가볍게 밀려나면서 벽이 국소적으로 약간의 양의 전하를 띠면서 풍선을 끌어당기는 것입니다.

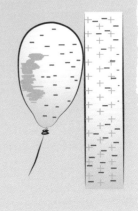

는 **전자**가 음으로 하전한 자에 의해 밀려나 제자리에서 조금 달아나면서 그 부분은 국소적으로 양의 전하를 띠고 반대편 끄트머리는 음의 전하를 띤다.

같은 이유로 먼지는 하전된 표면에 들러붙는 경향이 있다. 오디오나 텔레비전 같은 기기를 헝겊으로 문지르고 난 다음에는 특히 더 그렇다. 정전기 방지 제품은 전기를 약간 전도하기 때문에 이를 필요한 표면에 놓아두면 대전되는 것을 막을 수 있다. 전하가 쌓일 때마다 그 즉시 전기 전도를 통해 빠져나가면서 다시 중성이 되기 때문이다.

잉크젯 프린터

잉크젯 프린터의 노즐에서는 계속해서 종이를 향해 잉크가 분출되지만

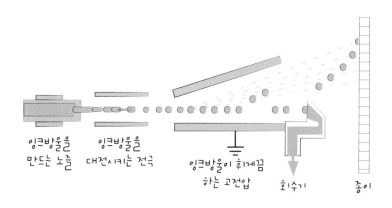

잉크방울을   잉크방울을
만드는 노즐   대전시키는 전극   잉크방울이 휘게끔   회수기   종이
                                        하는 고전압

잉크젯 프린터의 작동 원리

대부분의 잉크방울은 종이에 다다르지 못한다. 이 이유는 다음과 같이 설명할 수 있다. 노즐을 떠난 직후 잉크방울은 제어되어 아주 정확한 양의 전하로 대전된다.

그다음 잉크방울은 서로 반대 전하를 띤 한 쌍의 대전판 사이를 지나면서 각 잉크방울이 띠고 있는 전하량에 따라 위쪽으로 휜다. 각 잉크방울에 대전된 전하량은 인쇄해야 할 글자에 따라 조정된 것이다. 그런데 대부분의 잉크방울은 아무 글자에도 해당하지 않기 때문에 종이까지 도달해서는 안 된다. 따라서 이 잉크방울들은 대전되지 않고 계속 똑바로 앞으로 나아가다가 회수기에 도달하고, 회수기는 이들을 회수하여 다시 카트리지로 돌려보낸다.

공기 중의 먼지를 제거하는 공기정화기도 유사한 방식으로 작동한다. 먼지입자를 하전시켜 인력을 이용해 그와 반대 전하를 띤 대전판(먼지입자가 음으로 하전된다고 가정하면 대전판은 양의 전하를 띰) 위에 이 먼지를 수집하는 것이다.

전류, 전하의 이동

전류와 정전기의 관계는 마치 강과 호수의 관계와 같다. 공기나 물의 이동을 공기의 흐름이나 물의 흐름이라고 하듯이 전하의 이동은 전하의 흐름, 즉 전류라고 한다. 액체나 기체 안에서 이 전하들은 음**이온** 혹은 양**이온**이고, 구리 도선에서는 **전자**다.

> **전류의 방향**
> 역사적으로 사람들은 전기도선 안에서 이동하는 것은 양전하라고 믿어 왔고, 그래서 전류가 '+'에서 '-'로 흐른다고 말했다. 후에 전류가 도선 안의 음전하(전자)의 이동이라는 것을 알게 되면서 전류의 방향이 전자의 이동방향과 반대가 된 것이다.

아하!

가장 흔한 도선의 경우를 생각해보자. 매 초 도선의 단면을 지나는 전자의 개수, 즉 '단위시간당 흐르는 전자의 양'을 전류의 **세기**라고 하며 그 측정 단위는 **암페어**(A)다. 1A는 대략 초당 60억×10억 개 전자가 통과하는 것에 해당한다($6 \times 10^{18}/s$).

전류가 지나가는 도선 안에서 전자의 이동 궤적

몇 가지 전류의 세기를 표시하면 다음 표와 같다.

기구 또는 현상	크기 단위로 본 전류의 세기
전지가 들어간 손목시계	1마이크로암페어=0.000001암페어
감각역치	1밀리암페어=0.001암페어
감전사고	100밀리암페어=0.1암페어
200와트 전구	1암페어
다리미	5암페어
전기라디에이터	10암페어
아파트 일반차단기 작동	30암페어

주의할 것은 전하의 총량이 작더라도 전류의 세기는 순간적으로 커질 수 있다는 사실이다. 말이 안 될 것도 없다. 방전 시간이 아주 짧은 경우에 그러한데, 이것이 바로 자동차 문을 만질 때 일어나는 일이다. 이때 전류의 세기는 수 암페어, 심지어는 수십 암페어까지도 될 수 있다. 다행히 아주 짧은 순간에 그치지만 말이다. 실제로 수십 밀리암페어의 세기로 전류가 흐를 때 그 지속 시간이 1초만 되어도 인체에 위험할 수 있다.

도체 혹은 절연체?

전기적 관점에서 도선과 절연선의 차이는 다음과 같다. 도선은 내부의 일부 **전자**가 한 **원자**에서 다른 원자로 자유롭게 '돌아다닐' 수 있지만 절연선에서는 모든 **원자**가 그 전자들을 '가두어놓고' 있기 때문에 그럴 수 없다.

모든 금속은 도체다. 예를 들어 구리는 아주 좋은 전도체로서 모든 원자가 자신의 전자 29개 중 하나를 자유롭게 내버려두고 있다. 이에 따르면 구리 1g당 10^{22}개의 자유전자가 있다. 구리 $1mm^3$당 존재하는 전자의 이 천문학적 숫자를 고려할 때, 그중에서 1**A**에 해당하는 6×10^{18}개의 전자를 1초 안에 이동시키려면 도선의 단면적이 $1mm^2$일 때 전자의 이동속도는 초당 0.06mm, 즉 시간당 20cm면 충분하다.

주의해야 할 것은 도선 안에서 이동하는 전자는 도로 위의 자동차처럼 서로 나란하게 가는 게 아니라는 것이다. 그보다는 구름처럼 모여 있는 하루살이 무리가 이동하는 모습과 비슷하다. 하루살이 무리 전체가 이동하는 모습은 매우 천천히 움직이는 것처럼 보이지만 그 안에서 각각의 하루살이는 불규칙하면서도 매우 빠르게 움직인다. 구리 내부 자유전자의 평균 운동속도(페르미 속도)는 1000km/s 수준이다. 이는 표동속도라고 하는 전체 전자 무리 이동속도의 100억 배에 달한다.

열의 근원이 되는 충돌

원자들에 대한 두 번의 연속된 충돌 사이에 **전자**가 자유롭게 이동하는 거리를 전자의 평균 자유경로라고 하는데, 구리는 이 거리가 10^{-7}m 수준, 즉 0.1mm의 1000분의 일이다. 이는 인간의 스케일로는 아주 작은 거리지만 전자 스케일에서는 원자 직경의 1000배에 해당하는 엄청난 거리다. 원자의 직경이 10^{-10}m 수준이기 때문이다. 전자가 원자에 충돌할 때 전자 **운동에너지**의 일부가 원자에 전달되는데, 그 결과 원자의 떨림이 증가하면 **온도**가 올라간다. 이를 **줄 효과**라고 한다. 이 효과가 없다면 다리미도, 전기 라디에이터도, 필라멘트 전구도 없다.

전자 이동시키기

금속선에 **전류**를 흐르게 하려면 선의 양 끝단을 전지의 두 단자에 연결한다.

전지 내부에서 일어나는 화학반응에 의해 두 단자 사이의 퍼텐셜 차이가 유지되는데, 이는 두 단자 중 어느 쪽에 있는지에 따라 하나의 전자가 다른 에너지를 가진다는 것을 의미한다. 전자의 에너지가 가장 큰 한쪽 단자(– 단자)로부터 도선을 타고 다른 쪽 단자를 향해 가면서 전자의 **퍼텐셜 에너지**는 감소한다. 전지 내부의 반응물질이 고갈되면 전지의 두 단자 사이의 퍼텐셜 차도 아주 작아진다. 전지의 조성이 처음과는 달라지는 것이다. 따라서 전지의 기계적 성질도 달라진다.

혀에서 전지까지

전지는 약 200년 전 이탈리아 물리학자인 알레산드로 볼타가 발명했다. 볼타의 발명은 다른 이탈리아 과학자 루이지 갈바니와 스위스의 요한 슐처가 각각 관찰한 것을 바탕으로 이룬 것이다. 1750년경 슐처는 납으로 된 동전과 은으로 된 동전을 동시에 혀에 갖다 대었을 때 이상한 느낌과 맛이 나는 것을 발견한다. 갈바니는 1780년대에 갓 해부한 개구리 뒷다리의 근육신경에 서로 다른 두 금속을 동시에 갖다 대면 이 근육이 수축한다는 것을 실험으로 알아낸다. 볼타는 혀와 신경을 소금물로 대체하고, 은으로 된 원판, 소금물에 적신 판지, 아연으로 된 원판, 은으로 된 원판, 소금물에 적신 판지의 순서로 계속 쌓아나갔다. 이 판 더미는 양 끝단의 은과 아연이 각각 '+' 극과 '-' 극 단자인 전지가 된다. 볼타는 1800년 이 발명품을 발표했다.

도선에 전류를 흐르게 하는 또 다른 방법은 전지 대신 자석을 이용하면 된다. 이 방법은 1831년에 마이클 패러데이가 발견했다.

실제로 중요한 것은 자석 자체가 아니라 자석이 만드는 자기장이다. 구리선으로 된 코일에 **자기장** 변화를 주면 코일에 **전류**가 흐르는데, 이를 **유도전류**라고 한다. 코일에 자기장 변화를 주려면 고정된 코일 근처에서 자석을 움직이거나 혹은 그 반대도 된다. 운동은 상대적인 것이므로 서로에 대해 움직이기만 하면 된다. 일반적으로는 회전운동을 시킨다.

전지의 기계적 시험

동일 브랜드의 동일 모델 AA 전지나 AAA 전지 두 개를 준비하되, 하나는 다 사용한 것, 다른 하나는 새 것으로 준비하세요. 두 전지를 탁자 위 10~15cm 높이에서 세워서 떨어뜨려 보세요. 더 잘 튀어오르는 쪽이 다 사용한 전지입니다. 화학반응의 결과로 전지의 조성, 즉 그 기계적 성질이 변하는데, 이 때문에 새 전지와 다 쓴 전지의 거동이 달라지는 것입니다.

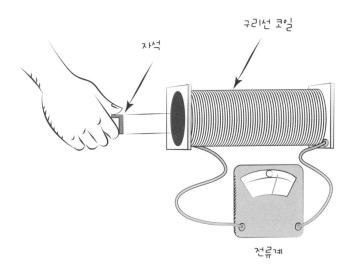

구리선 코일

자석

전류계

전기유도의 원리
자석을 코일 근처에서 움직이면 자기장에 변화가 생기고
그 결과 코일에 전류가 흐른다. 이것이 바로 유도전류다.

이것이 바로 자전거 다이나모와 발전소 교류발전기의 원리다. 발전소 교류발전기의 회전운동은 바람이나 수력 댐, 또는 증기의 압력으로 얻어지며, 이 증기는 우라늄, 태양, 석탄, 석유, 가스를 연소시켜 물을 가열하여 만든다.

수력발전소

수력발전소의 전류는 근본적으로 자전거 다이나모와 같은 원리로 만들어진다.
물이 터빈을 돌리면 터빈이 교류발전기를 가동시키는 것이다.

인덕션레인지

자석과 마찬가지로 모든 **전류**는 **자기장**을 동반한다. 이는 덴마크를 빛낸 물리학자 크리스티안 외르스테드가 1820년에 발견했다.

전류의 **세기**가 변하거나 전류가 거꾸로 흐르면(전류가 반대 방향으로 흐를 때) 전류의 자기장도 변하거나 방향이 바뀐다. 전류의 세기에 변화를 줄 수 있는 간단한 방법은 교류, 즉 주기적으로 방향을 바꾸는 전류를 이용하는 것이다. **인덕션**레인지가 바로 여기에 해당하는데, 인덕션

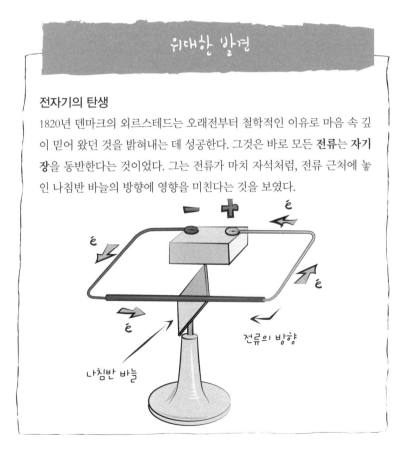

위대한 발견

전자기의 탄생

1820년 덴마크의 외르스테드는 오래전부터 철학적인 이유로 마음 속 깊이 믿어 왔던 것을 밝혀내는 데 성공한다. 그것은 바로 모든 **전류**는 **자기장**을 동반한다는 것이었다. 그는 전류가 마치 자석처럼, 전류 근처에 놓인 나침반 바늘의 방향에 영향을 미친다는 것을 보였다.

전류의 방향

나침반 바늘

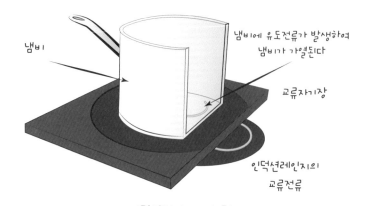

냄비

냄비에 유도전류가 발생하여
냄비가 가열된다

교류자기장

인덕션레인지의
교류전류

인덕션레인지의 원리
인덕션레인지 판에 흐르는 교류전류는 교류자기장을 동반하고,
이 교류자기장에 의해 냄비에 유도전류가 발생하여 냄비를 가열한다.

레인지의 전류 방향은 1초에 수만 번씩 바뀐다. 패러데이의 발견에 따라 이 전류의 교류자기장은 냄비의 자유**전자**가 한쪽 방향과 그 반대 방향으로 번갈아가며 이동하도록 만드는데, 그로 인해 교류 **유도전류**가 만들어지면서 냄비에 열을 가하게 된다. 핫플레이트나 가스불이 공기나 레인지 자체에 열을 가하면서 에너지가 낭비되는 부분이 있는 것과는 달리 **유도가열**은 열을 가하려는 부분, 즉 냄비에만 열을 전하기 때문에 효율이 훨씬 좋다.

전동기

자기장 내에서 코일을 회전시키면 코일에 전류가 발생한다(80~81쪽 참고). 역으로, 자기장 안에 있는 코일에 전류를 흘려주면 코일을 움직일 수 있다. 이것이 모든 전동기의 기본원리다. 두 현상의 이러한 상호성은

1833년 러시아 과학자 에밀 렌츠가 밝혀냈다.

좀 더 일반적으로 말해서 자기장이 작용하는 우주의 한 공간에 **전류**가 흐르는 도체가 있을 때 이 도체가 자기장에 평행한 상태가 아니라면 자기장으로부터 도체에 **힘**이 작용한다. 이 힘을 라플라스 힘이라고 하는데, 이것이 바로 모든 전동기에 작용하는 힘이다.

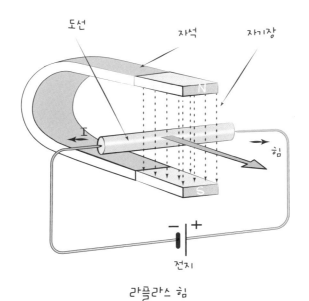

라플라스 힘
자기장 안에 있는 전류가 흐르는 도선은 자기장으로부터 힘 F를 받는다.
이 힘의 방향은 전류의 방향과 자기장의 방향에 따라 결정된다.

가역성 원리

1833년 러시아의 에밀 렌츠는 **자기장** 변화로 발생된 **유도전류**가 그 주위에 다시 새로운 자기장을 형성함으로써 유도전류를 발생시킨 원인인 유도작용을 스스로 방해하게 된다는 것을 이론적으로 밝힌다. 유도전류가 매순간 자기장 변화를 방해하는 방향으로 흐르는 것이다. 자기장의 세기가 감소하면 전류는 이 감소를 방해하는 방향으로 흐르고, 반대로 자기장이 증가하면 전류는 이 증가를 방해하는 방향으로 흐른다.

수 년 뒤 1847년에, 또 다른 물리학자 헤르만 폰 헬름홀츠는 이 렌츠의 법칙으로부터 물리학의 기본적인 법칙 중 하나인 에너지 보존의 법칙을 이끌어낸다. 그는 이 법칙을 전기 차원에서 보였으나 곧이어 모든 분야의 현상으로 일반화하였다. 렌츠는 또한 전동기와 발전기가 하나의 동일한 기계임을 보였다. 이 기계에 역학적 에너지를 주면 전기에너지가 발생하고(발전기), 전기에너지를 주면 역학적 에너지를 만들어낸다(전동기).

6

방사능의 정체

집집마다 발광시계나 발광자명종 혹은 연기탐지기 하나쯤은 있을 것이다. 그런데 이 물건들에서 **방사능**이 검출될 수도 있다. 특히 시계와 자명종이 1970년대나 그보다 더 이전에 제조된 것이라면 더더욱 그러하다. 그렇다고 겁먹을 필요는 없다. **방사능**이 무조건 위험한 것만은 아니기 때문이다.

우리 주변도 항상 어느 정도는 방사능을 띠고 있다. 이는 도처에 존재하는 자연현상으로 인간 활동과 관련이 될 수도, 그렇지 않을 수도 있다. 물론 어떤 경우에는 건강에 심각한 위협이 된다.

이것이 분명 방사능이나 핵이라는 단어가 종종 공포를 불러일으키고 위험이나 재난 같은 것을 떠올리게 하는 이유다. 뉴스에서 이런 얘기가 나올 때는 항상 사고나 우려스러운 사건, 심각한 일을 보도하기 때문이다. 이는 마치 태양에 관해 이야기할 때마다 일사병이나 피부암 같은 얘기를 꺼내는 것과 같다. 위험이란 와인을 마실 때나 약을 복용할 때, 혹은 태양광에 노출될 때처럼 그 양, 흡수되는 양이 너무 지나칠 때 생기는 것이다.

방사능이란 무엇인가

어떤 원자핵은 상태가 불안정해서 자발적으로 변하고, 바뀌며, 붕괴하는데, 이런 성질을 가진 물질을 방사성 물질이라고 한다. 이렇게 원자핵이 변하는 현상을 **방사능**이라 하고, 이 현상은 항상 입자의 방출을 동반하는데 이를 방사선이라고 한다.

위대한 발견

베크렐과 방사능

방사능은 자연현상으로 1896년 프랑스 물리학자 앙리 베크렐이 발견했다. 그는 우연히 **우라늄** 염 근처에 놓아둔 사진판이 감광된 것을 발견하는데, 이는 우라늄 염이 무엇인가를 방출했다는 의미였다. 마리 퀴리는 이 미지의 현상을 방사능이라고 이름 붙인다.

그 후 실제로 이 염이 세 가지의 서로 다른 '방사선'을 방출했다는 사실이 알려지고, 각 방사선은 알파, 베타, 감마라고 명명되었다. 이들의 정체는 그로부터 몇 년 후에 알파선은 **양성자** 두 개와 **중성자** 두 개로 이루어진 원자핵이고, 베타선은 **전자**, 그리고 감마선은 높은 에너지의 빛알갱이(광자)로 밝혀졌다.

방출되는 입자의 종류가 항상 동일한 것은 아니다. 원자핵이 불안정해지는 원인은 다양하기 때문이다. 말하자면 사람이 아플 때 병의 종류에 따라 기침을 할 수도 있고 재채기를 할 수도 있는 것과 같다. 원자핵의 경우 주로 세 종류의 '문제'가 있다. 역사적인 이유로(앞의 위대한 발견 참고) 각각 알파 방사능(α), 베타 방사능(β), 감마 방사능(γ)이라 칭한다.

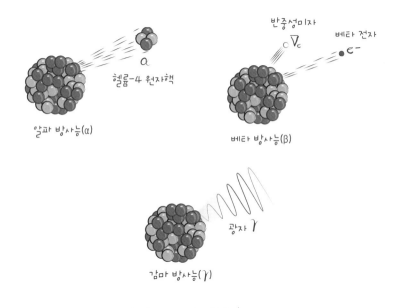

방사능의 세 가지 주요 형태
알파 방사능(α): 원자핵이 양성자 두 개와 중성자 두 개로 이루어진 알파입자를 방출함
베타 방사능(β): 원자핵이 전자와 반중성미자를 방출함
감마 방사능(γ): 원자핵이 아주 높은 에너지의 광자를 방출함

원자핵과 그 패거리

알파붕괴, 베타붕괴, 감마방출이 방사능의 세 가지 주요 형태지만, 그 밖의 다른 형태의 방사능도 있다. 어떤 원자핵은 **양성자**를 방출할 수도, **중성자**를 방출할 수도 있고, 혹은 둘로 나뉠 수도 있다(자발핵분열). 흥미로운 붕괴 방식으로는 **전자포획** 혹은 '역베타붕괴'가 있다. 외곽 전자를 원자핵의 양성자가 흡수하면서 양성자가 중성미자를 방출하며 중성자로 변하는 것이다.

방사능과 건강

알파선이든, 베타선이든, 감마선이든, 이 방사선들은 어떤 물질을 통과할 때 그 물질과 상호작용한다. 그런데 입자의 방출속도가 매우 빠르기 때문에 세포 내의 DNA 이중나선 중 한 나선을, 혹은 두 나선을 모두 깨트리는 등 해를 입힐 수도 있다.

그렇다면 이는 심각한 것일까? 생명은 **방사능**의 존재와 같이 출현했으므로 이에 그럭저럭 적응되어 있다. 그런 종류의 '상처'와 그 밖의 것들은 생화학적 '실수'나 화학적 공격, 자연방사능 등 여러 이유로 우리 몸에서 지속적으로 발생하는데, 세포당 매일 5만 번에서 10만 번 정도의 빈도로 이런 상처가 생긴다고 추정한다. 진화의 과정에서 생겨난 여러 세포기전이 이를 회복시키는 일을 하고 있는데, DNA의 한쪽 나선이 손상된 경우의 85%는 수 분 내로 복구된다고 한다. 그렇다고 하더라도 강한 방사선에 노출되면 위험할 수 있다. 예를 들어 손상되는 속도가 너무 빠르면 신체기관은 더 이상 이를 복구하지 못하고, 생리학적 이상을 초래해 암을 유발하거나 사망할 수도 있다.

여기서 한 가지 짚고 넘어갈 것은 우리 몸에 포타슘(칼륨)-40이 4000Bq (1베크렐=1초당 한 원자핵 붕괴), **탄소-14**가 3500Bq 존재한다고 할 때, 각각이 신체기관에 미치는 영향은 같지 않다는 것이다. 탄소-14가 방출하는 베타입자(**전자**)의 에너지가 10배 더 작기 때문인데, 이를 통해 베크렐 수가 아니라 내놓는 에너지가 훨씬 중요하다는 것을 직관적으로 이해할 수 있다. 게다가 에너지의 크기가 같을 때, 알파입자가 손상시키는 정도가 감마입자나 베타입자보다 20배 더 크다. 따라서 방출된 에너지의 출처에 따라 가중치를 달리해야 한다.

이로부터 방사선이 미치는 영향을 측정하는 등가선량이라는 개념이 나오는데, 그 단위는 시버트(Sv)다. 예를 들어 프랑스에서 한 사람이 받는 연간 평균 자연방사선량은 3mSv다. 이 중 절반은 공기 중에 자연적으로 존재하는 라돈가스에 의한 것이고 0.5mSv는 우리 몸 자체의 방사능에 의한 것이다.

방사능은 그 정의상 원자핵과 관계되는 현상으로서 핵반응이다. 하지만 핵, 다시 말해 원자핵과 관련이 있다고 해서 무조건 방사능과 연관되는 것은 아니다.

예를 들어 핵자기공명영상법(NMRI)이라는 의료기법은 세밀하게 조정되고 연동된 전자기장을 이용하여 원자**핵**을 회전시키는 것이다. 이때 어떤 핵도 붕괴하지 않기에 이 기법은 **방사능**과는 아무런 상관이 없다. 그럼에도 핵이라는 단어가 주는 혼동과 나쁜 이미지 때문에 NMRI (핵자기공명영상)보다는 MRI(자기공명영상)라고 주로 이야기한다. 핵이라는 용어의 떳떳함이 충분히 증명되었는데도 말이다.

용어의 문제

반감기란 방사성 원자핵이 절반으로 붕괴하는 데 걸리는 시간을 말한다.

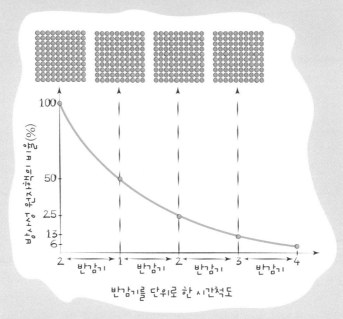

반감기를 단위로 한 시간척도

원자핵이 불안정할수록 반감기는 짧아진다. 1베크렐은 1초에 방사성 붕괴가 한 번 일어나는 것에 해당하고, 오늘날에도 종종 이용되는 과거 단위인 **퀴리**(Ci)는 370억 베크렐이다. 양성자의 개수는 같은데 중성자의 개수가 다른 **원자**, 혹은 원자핵들은 같은 원소의 동위원소라고 부른다.

팝콘을 이용해 원자핵 붕괴를 흉내내보세요

냄비에 팝콘옥수수 알을 넣고 기름을 약간 두른 뒤 가열하여 옥수수 알이 터지면서 팝콘이 되는 것을 관찰해보세요. 각각의 터진 옥수수 알을 붕괴하는 원자핵으로 볼 수 있습니다. 방사능과 마찬가지로 어느 옥수수 알이 팝콘으로 변할지는 예측할 수 없지만, 시간을 측정하면서 실험을 수행하면 팝콘이 되지 않고 남아 있는 옥수수 알의 개수가 반으로 줄어드는 데 걸리는 시간이 얼마나 될지는 통계적으로 말할 수 있습니다. 이것이 바로 **반감기**의 개념입니다. 방사능과의 차이점은, 원자핵 붕괴는 아무런 원인이 없어도 저절로 일어나는 현상인 것에 비해 옥수수 알이 터지는 것에는 감춰진 원리가 있다는 것입니다(64쪽 참고). 또 다른 차이점은 냄비의 **온도**를 조절하여 반감기를 조절할 수 있기 때문에 온도를 높이면 옥수수 알의 반감기가 짧아지도록 할 수도 있다는 것입니다. 하지만 방사성 원자핵의 반감기는 조절할 수 없습니다.

알파 방사능

모든 **양성자**는 양의 전하를 띠므로 양성자끼리는 서로 강하게 밀어낸다. 그렇다면 이 때문에 원자는 산산조각이 나야 할 것이다. 그래서 원자**핵**을 구성하는 입자들(핵자라고 분류되는 **양성자**와 **중성자**) 사이에는 이 엄청난 **정전기** 척력에 저항하기 위해서 끌어당기는 **힘**이 작용한다. 전기력도 중력도 아닌 이 힘은 핵력 또는 **잔류 강한 상호작용**이라고 한다. 핵자 하나 크기 정도의 아주 짧은 거리에서는 이 힘의 크기가 정전기력보다 크지만 그 이상의 거리에서는 정전기력보다 약해진다. 이것이 바로 큰 원자핵이 안정한 상태일 수 없는 이유다.

알려진 것 중 가장 크고 안정한 핵종의 핵자(양성자와 중성자) 개수는 208개인데, 그중 82개가 양성자다. 이 원소는 납이다. 그래서 납-208이라고 한다. 2003년까지는 가장 무겁고 안정한 핵종이 비스무트-209(양성자 83개, 중성자 126개)라고 생각했으나 이 원자가 사실은 **방사성** 물질이었다는 것이 밝혀졌다. 거의 불안정하지는 않지만, 그래도 불안정하긴 하다. 그 반감기는 무려 2000경년에 달한다(92쪽 Science memo 참고). 이 원자는 어떻게 붕괴할까? 이 정도 크기의 핵종이 대부분 그렇듯이 비스무트-209 또한 '날씬해'지려고 하기 때문에 이를 위해 양성자 두 개와 중성자 두 개로 이루어진 덩어리, 즉 헬륨-4 원자핵에 해당하는 알파 입자를 내보낸다. 그럼으로써 원자핵에 있던 양성자 개수가 83개가 아니라 81개가 된다. 그러면 이 물질은 더 이상 비스무트가 아니라 그 딸 핵종인 탈륨, 정확히는 탈륨-205가 된다.

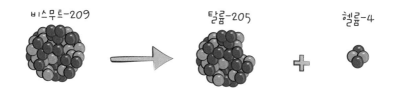

알파붕괴의 예
비스무트-209는 알파입자(He-4 원자핵) 하나를 잃으면서 탈륨-205 핵종이 된다.

알파라고 불리는 이런 형태의 **방사능**은 다른 종류의 핵종에서도 많이 볼 수 있는데, 거의 대부분이 **우라늄**과 같이 크기가 크다. 그중 가장 유명한 것은 공기 중에 존재하는 라돈, 특히 라돈-222다. 라돈-222는 라

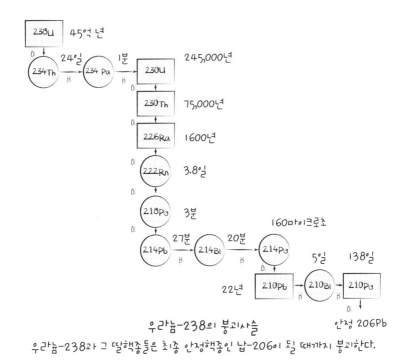

우라늄-238의 붕괴사슬

우라늄-238과 그 딸핵종들은 최종 안정핵종인 납-206이 될 때까지 붕괴한다.

듐–226이 붕괴하여 만들어지고, 라듐–226은 토륨–230이, 토륨–230은 우라늄–234가 붕괴하여 만들어진다. 이 붕괴 사슬의 맨 처음에 오는 **핵**종은 바로 지구상에 존재하는 우라늄의 99% 이상을 차지하는 우라늄–238이다.

라돈은 실온, 실압 조건에서 기체로 존재하므로 공기 속에, 특히 우라늄이 많은 지역의 공기에 많이 포함되어 있다. 우라늄은 화강암에 들어 있으므로 화강암이 많은 브르타뉴 지역에 라돈이 더 많을 것이라고 생각할 수 있다. 하지만 그 밖에도 석탄이나 당신의 집 정원의 흙에도 대략 1kg에 1mg 정도의 비율로 존재한다.

대기 라돈

대략적으로 지구 대기 중에 라돈의 총량은 160g 정도로 추정된다. 하지만 이는 거의 라돈 **원자** 10^{23}개나 되는 양이다. 예를 들어, 프랑스에서는 공기 $1m^3$당 평균 60여 개의 라돈 원자**핵**이 매초 붕괴하는 셈이다.

공기 중에서 10000~30000km/s의 속도로(이는 핵종에 따라 다르다) 방출된 알파입자는 약 4~5cm의 거리밖에 진행하지 못한다. 공기 중에 존재하는 **분자**들과 수없이 충돌하면서 아주 빠르게 속도를 잃어버리기 때문이다. 따라서 종이 한 장만으로도 알파입자를 쉽게 멈출 수 있다.

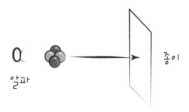

알파입자는 진행하는 동안 부딪히는 원자들에 **전자**를 방출한다. 그 때문에 공기 중에 알파입자가 진행한 거리 1cm당 5만 쌍의 **이온**이 만들어진다. 그래서 알파선을 이온화방사선이라고 부른다. 알파선의 속도가 충분히 느려지면, 알파입자는 진행하다가 만나는 원자로부터 전자 두 개를 취하여 중성인 진짜 헬륨 원자가 된다.

지구상의 헬륨

퀴리 부부는 **우라늄** 광석에 지구상에서 희귀한 원소인 헬륨이 많이 포함되어 있는 것을 발견한다. 사실 지구상에 존재하는 거의 모든 헬륨은 무거운 원자**핵**의 알파 **방사능**으로부터 온 것이다. 이와 같은 방사능이 없다면 헬륨 풍선으로 장식한 생일파티도 끝이다!

알파입자 이용의 '나쁜' 예

• 연기탐지기: 1935년에 개발한 일부 연기탐지기는 알파선의 이온화 성질을 활용했는데 프랑스에서는 2011년 말부터 이 연기탐지기의 사용을 금지했다. 그 원리는 간단하다. 공기 중에 수 센티미터 간격으로 설치한 두 전극 사이에 **전압**을 가하여 이온이 전극을 향해 이동할 때 발생하는 아주 약한 **전류**를 측정하는 것이다. 이때 이온은 알파 방사능원을 이용해서 만들어지는데, 방사능원으로는 보통 **아메리슘**−241이 쓰였다. 연기 입자가 있을 때는 이온이 이 연기 입자 위에 달라붙고, 더구나 연기가 알파선을 흡수해버리기 때문에 전류의 **세기**가 약해진다. 그러면 경보가 울린다. 그런데 아메리슘은 지구상에 자연 상태로 존재하지 않는 원소다. 인간이 인위적으로 만들어낸 물질로 **플루토늄**을 포함하여 양성자의 수가 92개보다 많은 다른 모든 원소와 마찬가지로 초우라늄 원소다.

• 피뢰침: 알파 방사능원이 유발하는 이온화 작용은 주변 공기가 전기전도성을 띠게 만든다. 이를 바탕으로 지금으로부터 100년 전쯤 방사성 피뢰침이 발명되었다. 피뢰침 꼭대기에 방사능원을 두면 주변 공기

의 전기전도도가 올라가면서 피뢰침의 효과가 더욱 커질 것이라고 생각했다. 하지만 실제로는 큰 효과가 없었던 것으로 보이며, 프랑스는 1980년대 중반부터 방사성 피뢰침의 사용을 금지했다.

• **캠핑용 방사성 가스랜턴**: 마트 캠핑용품 코너에서 파는 가스랜턴 맨틀의 포장을 살펴보면 '비방사성'이라고 적혀 있다. 이상하지 않은가? 왜 그런 것을 적어야 하는 것일까? 토륨이 방사성 물질이라는 것이 밝혀지기 훨씬 이전부터(1898년) 불 안에 토륨을 두면 불빛이 희어지고 밝기가 강해진다고 알려져 있었기 때문이다. 그래서 거의 100년 가까이 250~400mg의 산화토륨을 가스랜턴 맨틀에 사용하면서 가스랜턴이 방사성 물건이 된 것이다. 수십 년 전부터는 산화토륨이 들어간 맨틀이 시장에서 사라졌고 많은 나라에서 사용을 금지했다.

• **사진렌즈**: 토륨은 사진광학 분야에서도 이용되었다. 렌즈에 토륨을 첨가하면 **굴절**각(138쪽 참고)은 커지고 **분산**(138쪽)되는 정도가 줄어들면서 렌즈의 광학 특성이 향상된다. 1930년대 말부터 거의 30여 년

동안 토륨이 들어간 수많은 렌즈를 생산했고 그중 일부는 토륨이 렌즈 **무게**의 10% 넘게 함유된 것도 있었다. 오늘날에도 여전히 골동품 상점에서 이 렌즈를 발견할 수 있는데, 렌즈가 띠고 있는 옅은 갈색 빛으로 알아볼 수 있다. 알파선은 피부는 통과하지 못하지만 각막은 손상시킬 수 있기 때문에 눈에 대고 사용하는 토륨 함유 렌즈는 위험할 수 있다.

- **발광 손목시계: 방사능**을 발견하고 얼마 지나지 않아 황화아연 같은 물질은 알파선에 노출되면 발광한다는 사실이 알려졌다. 황화아연에 라듐과 같은 알파 방출체를 넣으면 발광제품이 되는 것이다. 이 제품은 손목시계나 벽시계의 바늘과 숫자, 자동차나 오토바이의 대시보드, 비행기 조종석의 계기판, 극장 좌석번호, 비행기 활주로 유도표지 등 다양한 사물에 칠하여 어두운 곳에서도 눈에 잘 보이도록 하는 데 이용되었다. 라듐은 매우 강력한 방사성 물질이므로 미량으로도 충분했다. 제1차 세계대전 기간 동안 사용된 라듐의 총량은 30g이었는데, 1939년에서 1945년 사이에 미국이 사용한 라듐은 거의 200g에 달했다.

라듐 걸스

라듐 걸스는 1917년, 부품에 방사성 발광제품을 붓으로 칠하는 일을 하던 수백 명의 미국 여성 노동자를 가리키는 말이다. 이들은 일할 때 붓을 입으로 적셔서 사용했는데, 1925년부터 라듐중독, 구순암, 설암, 턱뼈암 등의 사례가 나타나기 시작했다.

베타 방사능

탄소-14는 **양성자** 여섯 개에 **중성자** 여덟 개를 가지고 있는, 지구상에서 아주 희귀한 탄소 종류다. **반감기**가 약 5700년인 탄소-14의 불안정성은 일반적으로 양성자 개수가 많지 않은 원소가 안정되려면 양성자 개수만큼의 중성자를 가져야 한다는 사실로부터 온다. 이에 따르면 탄소는 중성자를 여섯 개, 혹은 경우에 따라 일곱 개를 가지고 있어야 하므로 탄소-12는 안정하지만 탄소-14는 그렇지 못하다. 탄소-14는 중성자의 개수가 너무 많아서 불안정한 것이다. 따라서 이 탄소 **동위원소**는 가지고 있는 중성자의 수를 줄여야만 한다.

가장 간단한 방법은 중성자 하나를 내보내는 것이라고 생각할 수도 있겠지만, 양성자와 중성자는 **핵** 내에서 강하게 결합되어 있기 때문에 중성자를 내보내려면 많은 에너지가 필요하다. 그래서 중성자 하나를 양성자로 바꿔주는 방법을 쓰는데, 이 방법으로 새로 만들어지는 원자핵은 양성자 일곱 개와 중성자 일곱 개로 구성된다. 하지만 양성자가 일곱 개인 것은 질소 원자핵이다. 즉, 탄소-14가 질소-14가 되는 것이다.

그런데 물리학에는 전하량 보존의 법칙이라는 원칙이 있다. 이 법칙에 따르면 반응 과정에서 전하의 총량이 변해서는 안 된다. 그런데 중성자는 이름에서 드러나듯 중성인데 양성자는 양성이므로 중성이 유지되려면 음전하가 하나 나타나야 한다. 바로 **전자**다. 원자핵에 머무르는 양성자와는 달리 이 과정에서 만들어진 전자는 빠른 속도로 멀어져 간다. 그 속도는 대개 250000~280000km/s이다. 중성자가 양성자로 변환될 때 나타나는 이 전자는 원자핵의 외각에 있는 '보통의' 전자들과 모든 관점에서 동일하다. 하지만 역사적인 이유에서 이 전자를 베타전자라고 부른다. 베타전자 방출을 베타선, 베타 방사능 현상이라고 한다.

좀 더 완전하게 설명하면 이 과정에서 전자 외에도 전기적으로 중성인 또 다른 입자가 나타난다. 바로 반중성미자 $\bar{\nu}$ 다. 따라서 중성자가 양성자로 변하는 반응은 다음과 같이 적을 수 있다.

$$n \longrightarrow p + e^- + \bar{\nu}$$

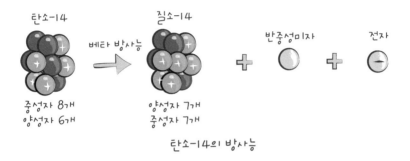

탄소-14의 방사능

일반적으로 베타 **전자**는 공기 중에서 1m 정도의 거리를 진행하다가 다른 **원자**에 가서 자리를 잡는다. 하지만 베타 전자의 에너지가 작으면 이 거리는 훨씬 짧아질 수 있다. 베타 전자는 알루미늄 포일로 막을 수 있다.

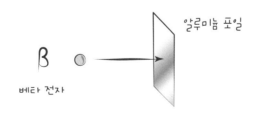

탄소-14 연대측정법

원자핵을 이용하는 연대측정법은 여러 가지가 있으나 **탄소-14** 연대측정법이 가장 많이 알려져 있다. 지구 대기에서 탄소 원자 1조 개 중 하나($1/10^{12}$)가 탄소-14다. 이 비율은 거의 모든 생명체에서 동일하게 발견되는데, 이는 식물이 CO_2를 '섭취'하고 그 식물을 초식동물이 먹으며 그 초식동물을 육식동물이 먹기 때문이다. 그런데 유기체가 죽는 즉시 호흡이나 영양섭취를 통한 탄소-14 공급은 중단되지만 그 안의 탄소-14는 원자핵 붕괴로 감소하기 때문에(반감기 대략 5700년) 이 비율로 감소하기 시작한다. 따라서 이 비율을 측정해서 $1/10^{12}$과 비교해주기만 하면 된다.

이렇게 얻은 값을 이용해 이 유기체의 사망 시기를 알 수 있다. 예를 들어 측정한 비율이 2조분의 1이라면 이 유기체는 거의 한 번의 반감기만큼의 시간, 즉 5700년 전에 사망한 것이다. 이 연대측정법으로는 대략 5만 년 전까지의 연대만 측정할 수 있고 그 이전은 알 수 없다.

우리 몸의 방사능

자연 상태에서 탄소 **원자** 1조 개 중 하나가 방사성 물질인데(C-14), 포타슘(칼륨) 원자도 8000개 중 하나가 방사성 물질이다(포타슘-40). 포타슘-40은 **탄소-14**처럼 주로 베타 **방사능**으로 붕괴한다. 즉, **중성자** 하나가 **양성자** + **전자** + 반중성미자로 바뀌면서 붕괴하는 것이다. 그 반감기는 13억 년이다.

체중이 60kg인 사람의 몸에서는 1초마다 거의 3500개의 탄소-14 핵과 4000개의 포타슘-40 핵이 각각 질소-14와 칼슘-40으로 붕괴한다. 따라서 우리 몸 1kg당 방사성 수준은 약 125Bq로, 우리는 지속적으로 스스로 피폭되고 있다. 하지만 우리 몸의 방사능은 주변 사람들에게는 거의 미치지 못한다. 붕괴로 나오는 베타 전자의 대부분이 우리 몸 자체에 가로막히기 때문이다. 한편 반중성미자는 거의 무엇과도 반응하지 않고 무엇에도 가로막히는 일 없이 진행 길목에 있는 모든 것을 가로지르며 직선으로 제 갈 길을 간다.

아르곤 생성

열 번 중 한 번은 포타슘-40이 베타 방사능으로 붕괴하는 대신 다른 방법으로 붕괴한다. 바로 **전자포획**이다. 원자 외곽에 있던 전자 중 하나가 원자핵에 의해 포획되면서 **양성자** 하나가 **중성자**로 바뀌고 **중성미자**가 출현하는 것이다.

$$e^- + p \rightarrow n + \nu$$

그러면 19개의 양성자를 가지고 있던 포타슘-40은 지구 대기의 1%(분자 수 비)를 차지하는 아르곤-40(양성자 수 18개)으로 바뀐다. 이 아르곤은 육류의 보관이나 일부 소화기, 이중유리, 일부 필라멘트전구에 사용한다. 포타슘-40의 전자포획이 없다면 지구상에 아르곤은 거의 존재하지 않을 것이다.

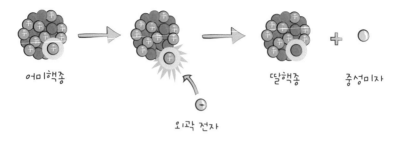

전자포획의 예

포타슘의 핵이 외곽 전자를 포획하여 핵의 양성자 중 하나를 중성자로 변하게 한다.
양성자 개수가 하나 줄어들면 아르곤이 된다.

중수소와 삼중수소

자연에서 수소**원자** 약 6000개 중 하나는 **중수소** 또는 이중수소라고도
불린다. 중수소의 **핵**은 중양성자라고도 불리는데, 양성자 하나와 중성
자 하나로 구성되고 안정한 상태다. 중수소핵은 빅뱅으로 만들어졌다.
물(H_2O) 100mL를 마시면 중수소 원자 10^{21}개, 약 1.5mg을 삼키는 것이
된다. 산소 원자 하나와 중수소 원자 두 개로 이루어진 물 **분자**는 **중수**
분자다.

　자연에는 삼중수소라는 수소의 또 다른 종류, 또 다른 **동위원소**가 극
히 적은 비율로 존재한다. 삼중수소의 핵인 삼중양성자는 **양성자** 하나
와 **중성자** 두 개로 이루어져 있는데, **반감기**가 12년인 베타 방사성 물질
이다. 삼중수소는 헬륨-3(양성자 2개와 중성자 1개)으로 바뀐다.

　삼중수소에서 방출된 베타 전자는 에너지가 아주 낮아 공기 중에서
6mm밖에 진행하지 못하지만, 앞에서 얘기한 황화아연(99쪽 참고)과 같
은 특정 물질과 충돌하면 이 물질이 발광하도록 만든다. 그래서 오늘날

에는 계기판이나 시계, 비상구 표지판, 특히 비행기 비상탈출구 표지 같은 발광성이 필요한 곳에 더 이상 위험한 라듐이 아닌 삼중수소를 이용한다. 삼중수소의 방사능은 종종 10퀴리(Ci)를 넘어가는데, 이는 수십 기가베크렐에 해당한다. 삼중수소는 자연에서 극히 희귀하기 때문에 연구실에서 제조된다. 상업적인 목적의 삼중수소의 연간 생산량은 500g 수준인데, 그 가격은 2015년에 그램당 약 2만 유로였다.

감마 방사능

일반적으로 알파 변환이나 베타 변환으로 만들어지는 새 원자**핵**을 딸핵종이라고 하는데, 이 딸핵종은 에너지를 과잉으로 가지고 있어 들뜬 상태다. 이 과잉된 에너지는 빛알갱이, 즉 광자의 형태로 핵에서 빠져나간다. 이 고에너지 광자는 '감마 광자'라고 불리며 이 현상을 감마 **방사능**이라고 한다.

딸핵종이 감마선을 방출하지 않는 방사성 핵종은 드문데, 탄소-14가 바로 그 경우다. 질소-14는 안정한 상태로 만들어지기 때문에 감마 방출

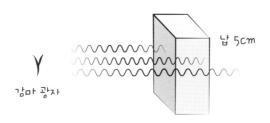

이 없다. 반면 포타슘-40이 아르곤-40으로 붕괴할 때 아르곤-40은 감마 광자 하나를 방출하며 안정되는데, 이 감마 광자는 우리 몸을 통과하여 빠져나간다. 감마 광자를 차단하려면 5cm 두께의 납이 있어야만 한다. 체중이 60kg인 사람에게서는 감마 광자가 초당 400개 가까이 방출된다.

7
들리는 소리, 들리지 않는 진동

미니오디오로 음악을 들을 때, 고음이 들리기도 하고 저음이 들리기도 하며, 음량도 조절할 수 있다. 이때 무슨 일이 벌어지는 걸까? 스피커의 진동판이 초당 수십 번, 수백 번, 심지어 수천 번까지 떨리는 것이다. 이 떨림의 진동수가 높을수록 고음에 해당하는 소리가 난다. 음량을 높이면 왕복 진동수는 변하지 않지만 진동판이 전진과 후진하는 거리가 커지면서 떨림의 폭이 더 커진다.

소리는 파동이다

소리란 무엇이고 소리의 성질은 무엇일까? 소리는 파동이다. 그러면 파동은 무엇일까? 일반적으로 파동이란 교란 상태가 이동하는 현상으로 정의한다. 어딘가에 교란 상태를 만들었을 때 그 교란 상태가 다른 곳에서 발견되면 이것을 파동이라고 할 수 있다.

모든 파동이 소리는 아니다. 예를 들어 빗방울은 잔잔한 수면 위에 물결을 만들며 흔들어 놓는데, 이 물결은 빗방울의 영향이 미치는 곳에

나타나며 이동해간다. 이때 교란 상태는 물결이다.

소리가 아닌 파동의 또 다른 예로는 다음과 같은 것이 있다. 금속막대에 교류**전류**를 적절히 흘려주면 그로부터 얼마 떨어진 곳에 위치한 동일한 금속막대에도 교류전류가 흐르는 것을 발견할 수 있다. 이는 전자기 파동과 관련된 현상이다.

공기 중 소리의 경우 교란 상태는 공기의 **압력**이 주기적으로 커졌다 작아졌다 하며 변하는 것이다. 스피커의 진동판이 초당 400번씩 앞뒤로 떨린다고 하면, 진동판이 전진할 때마다 그 앞에 있는 공기가 압축되고, 진동판이 후진할 때는 그 앞의 공기가 느슨해진다.

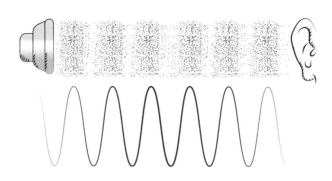

스피커에서 발생하는 소리
스피커의 진동판은 앞뒤로 움직이면서 그 앞의 공기가 번갈아 압축되거나 느슨해지도록 한다. 이러한 공기의 압축과 이완은 이웃한 주변 공기로 연쇄적으로 계속 전달된다. 공기의 압축과 이완으로 인한 공기의 압력 변동이 바로 파동이다.

이렇게 진동판의 떨림 때문에 그 주변의 공기 **압력**이 초당 400번씩 높아졌다가 낮아지는 것을 반복한다. 즉, 스피커 주변의 공기가 교란된다. 그런데 스피커에서 수 미터 떨어진 곳에서도 공기의 압력이 주기적으로 초당 400번씩 높아졌다가 낮아지는 것을 확인할 수 있다. 이번에도 어딘가에 만들어진 교란 상태가 다른 곳에서도 발견되는 것이다. 그러므로 이 또한 파동인 것이다.

위대한 발견

갈릴레이와 소리

17세기 중반까지 소리의 파동성은 명확히 정리되지 않았고, 이에 대한 제대로 된 이론적 합의도 없었다. 갈릴레이는 소리의 파동성을 최초로 이해한 사람이다. 그는 물이 담긴 수조 안에 와인 잔을 넣고 잔의 가장자리를 젖은 손으로 문질렀는데, 그 결과 잔이 '노래할' 때 잔 가장자리 쪽 수면 위에 파문이 만들어지며 퍼져나가는 것을 관찰할 수 있었다. 이 결과를 통해, 공기 중에서도 마찬가지로 잔이 떨릴 때 공기도 떨릴 거라고 추측할 수 있다.

파동은 다른 파동으로 상쇄될 수 있다

파동이 물질과 구분되는 한 가지 특성은, 파동은 하나의 현상이므로 반대되는 다른 현상으로 상쇄될 수 있다는 것이다. 앞에서 예로 든 초당 400번씩 앞뒤로 떨리는 스피커의 진동판을 다시 떠올려보자. 이 진동판

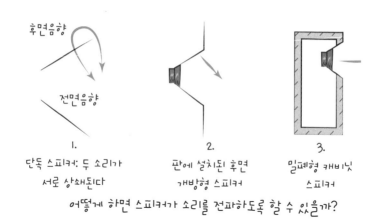

후면음향

전면음향

|.
단독 스피커: 두 소리가
서로 상쇄된다

2.
판에 설치된 후면
개방형 스피커

3.
밀폐형 캐비닛
스피커

어떻게 하면 스피커가 소리를 전파하도록 할 수 있을까?

이 전진하면 진동판 앞의 공기가 압축되고, 진동판이 후진하면 그 앞의 공기가 이완된다는 것을 살펴보았다. 그런데 한 가지 빠진 것이 있다. 진동판이 전진할 때 그 앞의 공기가 압축되는 것에 더해 진동판 뒤편의 공기는 이완되고, 진동판이 후진할 때는 그 앞의 공기는 이완되지만 진동판 뒤쪽 공기는 압축된다는 것이다.

정리하면, 진동판은 그 양쪽 면으로 인해 한곳에 서로 반대되는 두 개의 파동을 동시에 계속적으로 만들어낸다는 것이다. 그 때문에 이런 스피커는 실제로는 소리를 전파할 수 없다. 이를 해결하기 위해서는 두 파동이 서로 상쇄되는 것을 막아야만 한다. 이러한 효과를 주기 위해 스피커를 판 안에 설치하거나 혹은 스피커 뒤편에 밀폐형 캐비닛을 만들어줄 수도 있다.

고음 혹은 저음, 높이의 문제

헤르츠(Hz) 단위로 측정되는 진동수는 초당 **압력**이 변하는 횟수를 말한다. 소리의 높낮이를 결정하는 것이 바로 진동수인데, 진동수가 낮으면 저음에, 진동수가 높으면 고음에 해당한다. 개인마다 그리고 사람의 나이에 따라 달라지는 주관적인 부분이기는 하지만 일반적으로 사람의 귀는 20Hz에서 20000Hz까지 들을 수 있다고 한다. 그중에서 특히 2000에서 4000Hz 사이의 진동수에 예민하다.

가청진동수 범위의 경계가 되는 양 끝단 값인 20Hz와 20kHz는 초저주파와 초음파의 영역을 결정하기도 한다. 개와 고양이가 각각 초음파 영역 중 60kHz와 80kHz까지 들을 수 있다는 것은 잘 알려져 있다. 최고 기록은 300kHz까지 느낄 수 있는 나방이 보유하고 있다. 개와 고양이는 초음파를 느낄 수는 있지만 발생시키지는 못한다. 반면 쥐, 토끼, 곤충 여러 종과 박쥐 등은 초음파를 발생시킬 수도 있다. 우리는 초음파 영역의 소리가 많이 포함된 메뚜기의 울음소리 중 작은 일부분밖에 듣지 못한다. 초저주파는 우리 귀에 들리지는 않지만 두개골이나 배, 흉곽 등을 진동시킬 수 있다. 그래서 일부 차멀미는 바퀴가 도로 위를 굴러가면서 발생한 초저주파에 의한 것이라고 설명하기도 했다.

아핳!

최대한 피해야 할 초음파

상점에 가면 파리 퇴치, 쥐 퇴치, 모기 퇴치에 쓰이는 목걸이나 그 밖의 다른 초음파 발생기를 구입할 수 있다. 하지만 이런 제품의 효과는 상당히 제한적이다. 초음파가 원래는 동물이나 곤충에게 겁을 주거나 혼란을 주어야 하지만 동물들이 빠르게 이에 익숙해져 적응한다는 것이 그 이유다. 또 다른 이유로는 가구 등이 장애물로 작용하여 초음파의 유효범위를 크게 제한하기 때문이다.

도플러 효과

자동차 경주를 관람하거나 구급차가 지나가는 소리를 들어보면, 차량이 우리에게 가까워지다가 멀어지는 것에 따라 소리의 높이가 점차 낮아지는 것을 들을 수 있다. 이것을 **도플러 효과**라고 한다. 다음과 같이 생각하면 쉽게 이해할 수 있다. 뾰족한 것을 이용하여 잔잔한 수면 위의 한 지점을 주기적으로 두드린다고 하면, 그 지점을 중심으로 하는 동심원 모양의 물결무늬가 같은 간격으로 퍼져나갈 것이다. 그런데 한곳에 머무르며 수면 위의 같은 지점을 계속 두드리는 것이 아니라 두드리는 지점이 점점 앞으로 나아간다고 하자. 그러면 생겨나는 물결무늬가 더 이상 동심원을 그리지 않을 것이고, 또한 진행 방향 앞쪽의 물결무늬 사이 간격이 뒤쪽의 물결무늬 사이 간격보다 더 좁아질 것이라는 것을 어렵지 않게 이해할 수 있다.

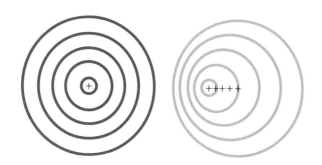

뾰족한 끝으로 만들어낸 물결무늬
왼쪽 그림에서는, 뾰족한 끝이 계속 같은 지점을 두드린다.
오른쪽 그림에서는 뾰족한 끝이 왼쪽을 향해 이동하며 수면을 두드린다.

그럼 이제 극단적인 상황을 생각해보자. 관찰자를 향해 똑바로 돌진해오는 트럭이 있다. 트럭이 다가오는 동안 관찰자는 트럭에서 나는 소리보다 더 고음의 소리를 듣는데, 이 소리의 높이에는 변화가 없다. 그런데 트럭이 관찰자를 지나는 순간 관찰자가 듣는 소리는 더 저음이 되고 소리는 그 높이에서 유지된다. 실제 상황에서는 트럭이 우리에게 돌진해오는 일은 거의 없다. 그렇기 때문에 소리가 갑자기 저음으로 바뀌는 것이 아니라 점차적으로 저음으로 변하는 것으로 들린다. 또한 도플러효과는 소리 발생원이 고정되어 있고 관찰자가 이동할 때도 나타난다. 그러나 그 두 상황이 대칭적이지는 않다. 파동 발생원의 움직임이 관찰자의 움직임보다 진동수에 더 큰 영향을 미치기 때문이다.

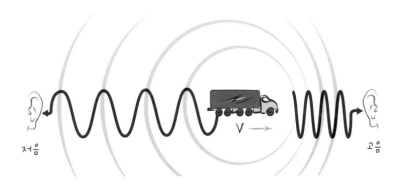

트럭의 운동에 의한 도플러 효과

초음파와 생물학

도플러 효과는 의학에서 혈류 속도를 측정할 때 이용한다. 진동수를 알고 있는 초음파를 혈관 방향으로 쏘아 보내면 이동 중인 혈액에 반사되어 되돌아온다. 이때 반사되어 되돌아온 파동의 진동수는 처음 방사된 파동의 진동수와 달라진다. 그 차이를 이용해 혈류의 속도를 알아낼 수 있다. 박쥐가 공중에 날아다니는 먹이인 곤충의 움직임을 아주 정확하게 알아낼 수 있는 것도 이와 같은 원리다.

소닉붐

앞서 도플러 효과를 소개할 때 나왔던 뾰족한 끝이 물결무늬가 퍼져 나가는 속도와 같은 속도로 앞으로 이동한다고 하자. 그러면 이때 만들어지는 원 모양의 물결무늬는 모두 한 점을 공통으로 가질 것이다. 바로 뾰족한 끝이 위치하는 점이다.

공기 중에서 음속으로 이동하는 물체라면, 이 지점은 물체 앞에 생기는 고압 부분에 해당하는데 이를 충격파라고 한다. 속도가 음속 이상이면 마찬가지로 충격파가 생기는데 그 모양은 아래의 오른쪽 그림에 표시된 것과 같다. 충격파가 우리 귀에 도달하면 폭음을 듣게 된다. 물체가 클수록 폭음도 강하게 들린다.

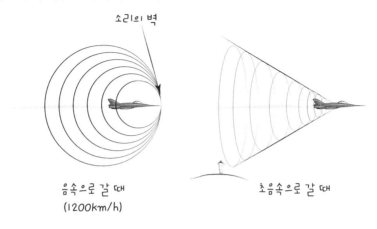

음속으로 갈 때
(1200km/h)

초음속으로 갈 때

충격파

왼쪽 그림은 충격파가 갓 만들어진 모습이다. 오른쪽 그림은 비행기의 속도가 증가함에 따라 점점 더 닫힌 원뿔 모양으로 뾰족해지는 충격파의 모양이다.

끝 부분이 초음속으로 움직이는 채찍도 소닉붐에 해당하는 딱딱한 충격음을 발생시킨다. 젖은 수건을 앞으로 내친 뒤 급히 뒤쪽으로 다시 당겨 소닉붐을 발생시킬 수 있다는 것이 측정을 통해 밝혀졌다. 고생물학자들의 시뮬레이션에 따르면 공룡 아파토사우루스 루이재는 그 엄청난 크기로 봤을 때 꼬리를 채찍처럼 휘둘러 거친 소닉붐을 일으켰을 것이라고 한다.

에취! 트럼펫과 코끼리

증명된 것은 아니지만 재채기를 세차게 하거나 강한 기침을 할 때 공
기가 나오는 속도는 초음속일 수 있다. 재채기나 기침할 때 큰 소리가
나는 것이 그 때문이라고 할 수 있을 것이다.

트롬본이나 트럼펫과 같은 일부 금관악기가 내는 소리의 특성은 이
악기들이 공기의 유속을 살짝 초음속으로 만들며 충격파를 발생시킨
다는 것이다. 이 현상은 때때로 코끼리들이 울음소리를 낼 때 벌어지
는 일이기도 하다.

소리의 전파속도

20℃의 공기 중에서 **압력**의 변화가 주변으로 차례차례 전파되는 속도
는 340m/s다.

소리의 전파속도가 **온도**에 따라 달라지는 이유는 온도가 올라가면 공

기의 **밀도**는 감소하기 때문이다. 더운 공기 1리터는 차가운 공기 1리터보다 가볍다. 물에서 소리의 속도는 더 빨라서 약 1500m/s이다. 물의 밀도가 공기보다 높다는 것을 감안하면 놀랍게 보일 수 있다. 하지만 사실 물은 공기보다 압축성이 훨씬 떨어지기 때문에 전파속도가 빠른 것이다. 이를 이해하려면 극도로 탄성이 좋고 아주 긴 용수철이 수평으로 놓여 있다고 상상하자. 용수철의 한쪽 끝단에 용수철의 축과 평행한 **힘**을 주어 용수철이 놓여 있는 방향으로 갑자기 민다.

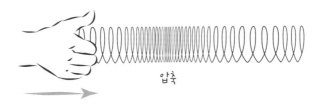

압축

이 용수철은 탄성이 아주 좋기 때문에 압축 파동이 용수철을 따라 다른 쪽 끝단까지 전파되는 것을 볼 수 있다. 만약 반대로 용수철이 아주 단단해서 압축성이 떨어진다면 전파속도가 너무 빨라서 보이지 않을 것이다. 물은 공기에 비해 압축성은 16000배 떨어지지만, 밀도는 800

배밖에 되지 않는다. 그럼 이 둘의 비율은 20이 되는데, 속도는 이 비율의 제곱근에 비례하므로 물에서 소리의 전파속도는 $\sqrt{20} = 4.5$배 빠르다 ($4.5 \times 340 = 1530$).

철에서는 소리의 전파속도가 6000m/s에 달한다.

Science memo

동시일까 아닐까?

60cm 길이의 철 막대를 상상해보자. 막대의 한쪽 끝을 막대의 축과 평행하게 민다. 이때 다른 쪽 끝은 동시에 움직일까? 아니면 아주 조금 더 나중에 움직일까?? 당연히 아주 조금 더 나중이다. 막대가 무한히 단단한 것은 아니기 때문이다. 이 시간차는 막대의 길이 60cm를 철에서의 소리 전파속도인 6000m/s로 나눈 값이 된다. 따라서 지연되는 시간은 0.1ms이다.

전파속도가 소리의 높이에 미치는 영향

줄의 한쪽 끝을 빠르게 올렸다 내리면 줄에 생긴 변형이 혹 모양으로 전파되는 것을 볼 수 있다.

줄을 팽팽하게 당기면 전파속도가 빨라진다. 정확히는, 전파속도는 줄이 팽팽한 정도인 장력의 제곱근에 따라 커진다. 그런데 줄(혹은 실)을 튕겨서 나는 소리는 줄이 팽팽할수록 고음이 난다. 이것이 줄 위에서의 파동속도 증가 때문일까? 그렇다. 줄이나 물체가 떨리는 진동수인 고유진동수는 전파속도와 함께 증가한다.

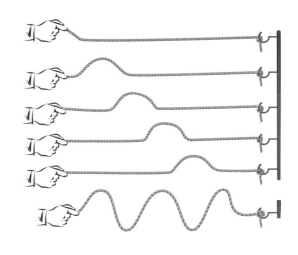

직접 해보세요!

입에 문 실에서 나는 소리

15~50cm 길이의 실을 준비해서 한쪽 끝은 치아로 물고 다른 쪽 끝은 한 손의 엄지와 검지로 잡으세요. 실을 따라 손가락을 움직이면 길이를 쉽게 조정할 수 있으며, 세게 잡아당기거나 약하게 잡아당겨 실의 장력도 조절할 수 있습니다. 다른 쪽 손의 손가락으로 마치 기타 줄을 튕기듯이 실을 튕기면, 실의 떨림이 치아로부터 뼈를 통해 귀로 전달되어 높든 낮든 어떤 소리가 들릴 것입니다. 귀를 막고 하면 그 효과가 훨씬 더 두드러집니다. 몇 번 해보면 어떤 주어진 길이에 대해 실이 팽팽할수록 소리도 높아진다는 것을 확인할 수 있습니다.

이것이 바로 헬륨가스를 들이마셨을 때 목소리가 높아지는 이유이기도 하다. 헬륨 안에서의 소리 전파속도는 900m/s로, 공기 중보다 2.7배 더 빠르기 때문이다. 여기서 2.7은 공기 1리터와 헬륨 1리터의 질량비의 제곱근 값이다.

초콜릿 한 잔의 소리

핫초콜릿 한 잔을 준비하세요. 코코아 가루에 우유를 넣고 숟가락으로 잔을 두드리면 처음에는 낮은 소리가 나다가 10초에서 15초 후에는 높은 소리가 날 것입니다. 규칙적인 간격으로 잔을 두드리면 소리가 점점 높아지는 것을 분명히 확인할 수 있습니다. 분명 잔과 핫초콜릿 전체의 음향적 특성이 실험이 진행되면서 변한 것입니다. 무엇 때문에 이런 변화가 생기는 걸까요? 잔 바닥에 있는 코코아 가루에 물이나 우유를 부으면 공기가 기포의 형태로 가루 속에 갇혔다가 표면으로 점차 빠져나오면서 거품을 형성합니다. 이와 같이 핫초콜릿을 갓 완성한 직후에는 잔에 기포가 많은 액체가 담겨 있으므로 기포가 빠져나가고 없는 액체보다 압축성이 더 좋습니다. 따라서 시간이 가면서 기포가 점차 빠져나옴에 따라 소리의 속도가 증가되어 점점 더 높은 소리가 나는 것입니다.

귀와 압력변화

대기압이 약 10만 **파스칼**(Pa) 정도임을 다시 떠올려보자. 일상생활에서 나는 소리에 의한 공기 압력 변화는 매우 미미하다. 그렇지만 이 압력 변화는 고막을 진동시켜 우리가 소리를 들을 수 있도록 해준다. $2 \times 10^{-5} Pa$ 정도의 변화가 우리가 지각할 수 있는 한계치에 해당하고, 감각의 반대편 한계치인 20Pa은 고통의 한계지점이다. 이는 각각 대기압의 1억분의 1과 100분의 1 정도의 압력 변화로, 가장 큰 소리에 해당하는 압력 변화와 가장 작은 소리에 해당하는 압력 변화의 비는 백만 대 일이다. 귀의 '역동범위'는 매우 크다고 할 수 있다.

감각의 문제

동일한 소리 발생원 두 곳에서 나오는 소리의 크기가 한 곳에서만 소리가 나올 때보다 두 배 더 크게 들리지는 않는다. 다시 말해 두 사람이 말을 한다고 해서 한 사람이 말할 때보다 말소리가 두 배 더 크다고 느껴지지 않는다는 것이다. 하지만 물리적으로는 소리가 두 배 더 큰 것이 맞다. 그런데 우리가 소리의 세기가 두 배가 되었다고 느끼려면 소리가 열 배 더 커져야 한다. 20m 떨어진 곳에서 나는 제트기 소리는 가청한계 소리보다 4000배 더 크게(2^{12}) 들린다. 실제로 물리적으로는 10^{12}배 더 큰데도 말이다.

소리의 세기 수준(측정 단위는 제곱미터당 와트)은 **압력**의 제곱에 비례하여, 양 극단의 세기 수준의 비는 10^6의 제곱이 되어 10^{12}이 된다. 즉, 고통의 한계 수준으로 시끄러운 소리의 세기는 거의 들리지 않을 정도인 가장 작은 소리의 세기에 10을 열두 번 곱한 것과 같다. 이를 12벨, 혹은 120데시벨(dB) 차이라고 말한다. 고통한계점의 소리 세기는 20m 떨어진 곳에서 제트기가 이륙하는 것에 해당한다.

보통 대화하는 소리는 60데시벨 혹은 6벨 정도의 수준이다. 이는 들을 수 있는 가장 작은 소리에 비해 대화 소리의 세기 수준이 10을 여섯 번 곱한 것, 즉 10^6배라는 뜻이다.

60dB이 10^6배이고 120dB이 10^{12}배이면, 30dB은 10^3배이고, 3dB은······ $10^{0.3}$배에 해당한다. 계산기를 이용해보라. 그러면 2가 나온다. 즉, 세기의 수준이 두 배의 비율인 두 소리의 차이는 3dB이다.

이상적인 조건에서는 1dB 차이나는, 즉 세기의 비가 $10^{0.1} = 1.25$배인 두 소리의 차이를 식별할 수 있다. 이것이 차이식역이다. 이상적인 조건에서 청취하는 것이 아닐 때 세기의 차이를 느끼려면 두 소리의 세기 차이가 5dB은 되어야 한다고 한다. $10^{0.5} = 3$이므로, 이는 평상시에는 한 소리의 세기 수준이 최소 세 배는 더 커야 다른 소리보다 더 크다고 느낀다는 것이다.

청각테스트를 해보면 소리의 세기 수준이 열 배가 될 때마다 우리는 소리가 고작 두 배 더 커졌다고 느낀다는 것을 알 수 있다.

8

전자기파 식구를 소개합니다

휴대전화를 전자레인지에 비교하며 전자파의 위험성을 많이 이야기하고 있다. 휴대전화와 전자레인지에서 나오는 전자파는 실제로 그 진동수 범위가 같다. 바로 마이크로파다. 하지만 진동수는 매우 가까워도 그 출력은 전혀 비슷하지 않다. 전자레인지 출력은 1000와트 수준인 반면 휴대폰 파동의 출력은 밀리와트 단위에 더 가까워 전자레인지의 출력이 휴대전화 출력의 약 백만 배이다. 그렇기 때문에 일부 인터넷 사이트에서 읽을 수(심지어는 볼 수) 있는 것과는 달리 휴대전화 여러 대를 이용해서 달걀을 익히는 것은 절대 실현 불가능하다.

전자기파란 무엇인가

1860년대 스코틀랜드의 제임스 클러크 맥스웰은 그 당시까지 서로 다른 두 이론으로 따로 연구되던 전기적 현상과 자기적 현상이 사실 하나의 통일된 동일 이론으로 기술될 수 있음을 보인다. 바로 전자기학이다.

이 이론에 따르면 진동하는 **전류**는 진공에서 약 30만km/s의 속도로 이동하는 전자기파를 만들어낸다. 그 당시 실험적 측정을 통해 빛의 속도가 30만km/s라는 것이 알려져 있었는데, 이 두 속도가 서로 일치하는 것은 빛이 그 자체로 전자기파라는 것을 시사하는 것이었다.

전자기파는 서로 수직으로 진동하는 **전기장**과 **자기장**으로 이루어져 있고, 전기장과 자기장은 이 두 장이 만드는 평면에 수직한 방향으로 전파된다.

위대한 발견

헤르츠와 전자기파

1880년대 독일의 하인리히 루돌프 헤르츠는 실험으로 전자기파의 존재를 증명했다. 회로에 아주 짧은 순간 강한 교류전류가 흐르자 몇 미터 떨어진 곳에 있던 작은 틈이 있는 금속 고리에 전류가 생기는 것을 관찰한 것이다.

어둠 속에서 자세히 관찰한 결과 금속 고리의 작은 틈 사이의 공기로 작은 **스파크** 형태의 전류가 지나는 것을 볼 수 있었다. 한 곳에 전류를 발생시켰을 때 그로부터 떨어진 곳에 있는 두 번째 회로에서 또 다른 전류가 검출된 것은 첫 번째 회로에서 두 번째 회로로 무엇인가 전파되었다는 증거다. 이것이 바로 제임스 클러크 맥스웰이 20년 앞서 그 존재를 예견했던 전자기파다.

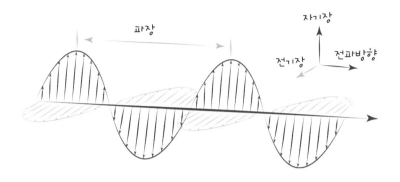

전자기파는 서로 수직으로 진동하며 두 장에 수직한 방향으로
진행하는 자기장과 전기장으로 이루어져 있다.

헤르츠 이후 네덜란드의 안톤 로렌츠 등을 필두로 다른 물리학자들의 많은 이론적 연구가 있었다. 이들은 물질이 양으로 하전된 입자와 음으로 하전된 입자들로 구성되어 있다는 원자이론과 전자기이론을 함께 활용하여 광학현상을 설명했다.

아주 간단히 설명하자면, 로렌츠는 전하 하나를 앞뒤로 진동시키면 그로부터 떨어져 있는 곳에 있는 다른 전하 또한 같은 진동수로, 그러나 그 두 전하 사이의 거리를 30만km/s의 속도로 가는 데 필요한 시간만큼의 시간차를 두고 진동한다는 것을 보였다. 그 두 전하 사이의 공간이 진공일 때 말이다. 이러한 고찰로부터 모든 물질은 그것이 안테나든, 조약돌이든, 고양이든지 전자기파의 방출원이 될 수 있다는 것을 생각할 수 있다.

많이, 혹은 조금 빈번한 파동들

진동수가 아주 낮은 파동을 극저주파(ELF, Extremely Low Frequency)라고 하는데 이 파동의 진동수는 초당 몇 번 정도로, 몇 헤르츠(Hz) 단위다. 감마선과 같이 진동수가 매우 높은 파동의 진동수는 10^{19}Hz 이상이다. 이 양 극단 사이에 라디오파, 적외선, 마이크로파, 광파 혹은 빛(그 정의대로 눈에 보이는 파동), 자외선, X선 등이 있다.

이론적으로 전자기파의 진동수에는 높고 낮음의 한계가 없다. 일반적으로 진동수가 낮을수록 그 파동의 송수신 안테나의 크기가 커진다.

물질은 전하로 이루어져 있으므로 전자기파가 물질을 통과할 때 물질의 **전자**들이 자극되어 물질의 전기전도성 여부에 따라 빠르거나 느리게 진동한다. 이 상호작용은 파동을 되돌려 보낼 수도 있는데, 그 경우는 완전 반사 혹은 부분 반사가 일어난다.

예를 들어 금속은 좋은 반사체다. 파동이 물질을 통과하면 그 안에서 전파되면서 전하와 상호작용하여 느려지고 약해진다. 파동의 느려짐과 약해짐 정도는 물질과 진동수에 따라 다르다.

이와 같이 파동의 에너지는 전달되는 것과 되돌아가는 것, 흡수되는 것 이렇게 세 가지 요소 간에 다양한 비율로 분산된다. 파동의 에너지가 물질에 흡수되면 물질의 **온도**가 올라간다.

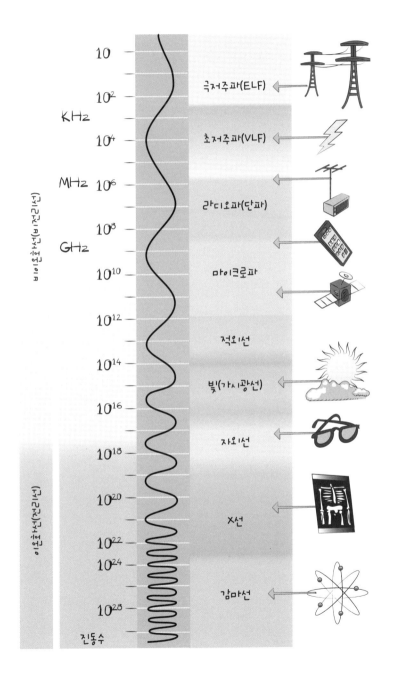

10

10^2

KHz

10^4

MHz 10^6

10^8

GHz

10^{10}

10^{12}

10^{14}

10^{16}

10^{18}

10^{20}

10^{22}

10^{24}

10^{28}

비이온화선(비전리선)

이온화선(전리선)

진동수

극저주파(ELF)

초저주파(VLF)

라디오파(단파)

마이크로파

적외선

빛(가시광선)

자외선

X선

감마선

물 속에서 통신하기

물은 상대적으로 빛은 적게 흡수하지만 일부 적외선과 마이크로파는 훨씬 잘 흡수한다. 따라서 잠수부나 잠수함과 통신할 때 마이크로파 범위를 방출하는 휴대전화를 이용하고자 하는 것은 좋은 생각이 아니다. 핵잠수함이 다니는 깊이인 수심 300m에서 통신하려면 초저주파를 이용해야 한다. 그런데 초저주파는 길이가 수천 킬로미터 단위인 아주 거대한 안테나를 필요로 하기 때문에 구현하는 것이 사실상 거의 불가능해 보인다. 그럼에도 전 세계에 몇 개가 존재하는데, 러시아와 미국 해군에서 사용하고 있다.

마이크로파

진동수가 1에서 100기가헤르츠(GHz) 사이인 전자기파를 마이크로파라고 한다. 이 파의 이름과 같은 이름의 오븐(프랑스어로 전자레인지는 마이크로파를 뜻하는 micro-ondes라고 한다—옮긴이)에 2.45GHz(프랑스)의 마이크로파가 사용되고 휴대전화에는 0.85에서 2.6GHz, 과속카메라에는 10에서 40GHz의 마이크로파가 이용된다.

전자레인지

물 **분자**는 전체적으로는 전기적 중성이지만 산소**원자** 쪽은 음으로 하전되어 있고 수소원자들 쪽은 양으로 하전되어 있다. 산소원자가 **전자**를 끌어당기는 경향이 있기 때문이다. 이 때문에 물 분자를 극성 분자라

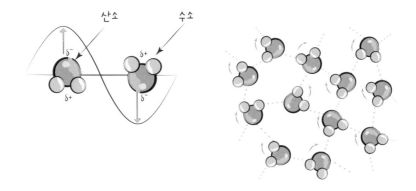

산소　수소

고 한다. 마이크로파의 진동이 작용하면 물 분자가 그와 같은 진동수로 제자리에서 회전하면서 이웃한 분자들과 충돌하며 그로 인해 가열된다.

간단히 말해서 전자레인지의 원리는 물 **분자**들 간에 마찰을 일으켜 에너지가 열로 흩어지도록 하는 것이다. 이때 이용하는 진동수는 음식 표면의 수분층이 전체 에너지를 모두 흡수하지 않도록 하기 위해 선택 된 것이다. 그럴 경우 음식의 나머지 안쪽 부분은 열전도로 익혀야 하 기 때문이다. 2.45GHz의 주파수에서는, 마이크로파 에너지의 일부분 이 음식 안으로 침투하여 점차적으로 약해지면서 음식의 표면과 내부 를 모두 익힌다.

앞의 내용에 따르면 얼음은 전자레인지에서 효율적으로 녹지 않는 다. 물 분자가 결정화 상태이기 때문에 물 분자끼리 서로 고정되어 있어 서 회전할 수 없으므로 마찰이 발생할 수 없기 때문이다. 실제로 얼음은 녹은 물이 가열되면서 녹는다.

전자레인지의 내부 크기가 거의 항상 비슷하다는 사실에 주목하자. 그 이유는 규격화 때문이 아니라 공명현상과 관련이 있다. 전자레인지 내부 공간의 크기는, 파동이 전자레인지의 금속 내벽에 반사되면서 오고 가는 파동이 서로 보강될 수 있도록 하기 위해 선택된 것이다. 만약 전자레인지의 유리로 된 문 전체가 금속으로 되어 있다면 전자레인지 안을 살펴볼 수 없을 것이다. 하지만 그런 금속으로 된 문은 마이크로파가 침투·투과할 수 없어서 마이크로파를 완벽하게 차단하는 장점이 있다. 실제로 전자레인지 밖으로 새어나오는 마이크로파 에너지는 0은 아니지만 매우 작다.

전자레인지의 투과성 확인하기

꺼져 있는(당연하지요!) 전자레인지 안에 휴대전화를 넣고 문을 닫으세요. 다른 휴대전화로 전자레인지 안에 들어 있는 휴대전화로 전화를 거세요. 휴대전화를 금속 뚜껑이 있는 냄비 안에 넣었을 때와는 달리 신호가 갈 것입니다. 파동이 전자레인지 안으로 침투할 수 있고, 따라서 빠져나올 수도 있다는 증거입니다. 전자레인지 외면에 알루미늄 포일을 붙인 뒤 실험을 다시 해보세요. 이번에는 파동이 더 이상 전자레인지 안으로 침투하지 못할 것입니다.

주의! 도로의 레이더와 라이더

과속 단속카메라의 원리는 **도플러 효과**(112쪽 참고)를 이용하는 것인데, 차이가 있다면 음파가 아니라 전자기파를 방출한다는 것이다. 자동차에 부딪혀 반사되어 되돌아오는 파동은 주파수가 바뀌는데, 그 주파수 차이를 이용해 차량의 속도를 알 수 있다.

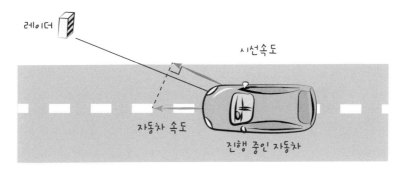

레이더를 이용한 속도 측정
레이더가 방출하는 파동은 자동차에 반사되어 레이더로 다시 돌아오는데,
이때 돌아온 파동의 주파수는 처음 방출된 파동의 주파수와 다르다.
이 주파수 차이를 이용해 자동차의 속도를 알아낼 수 있다.

　때로는 레이더와 비슷한 기법이지만 그보다 훨씬 더 높은 진동수의 파동을 차량을 향해 쏘아 보내는 기술을 이용하기도 한다. 이 파동의 진동수는 적외선이나 가시광선 범위인데, 연속적으로 쏘아 보내는 것이 아니라 간헐적으로 펄스파 형식으로 보내진다. 이때 되돌아오는 파동의 주파수 자체를 측정하는 것이 아니라 연속된 두 펄스 사이의 시간차, 달리 말하면 펄스들이 발사체로 되돌아오는 주파수를 측정한다. 이 기술은 레이더가 아니라 라이더(lidar)라고 한다.

파장과 진동수

파장은 파동이 1회 진동하는 동안 진행하는 거리를 말한다. 진동수가 고정되어 있는 것과는 달리 파장은 매질(공기, 물, 나무 등)에서 파동이 전파되는 속도에 따라 달라지므로 매질에 따라 달라진다. 파장은 파동의 전파속도를 진동수로 나눈 몫과 같다. 진공에서 10GHz 전자기파의 파장은 3cm다. 파장은 전자기파에만 해당하는 개념이 아니라 모든 파동에 일반적으로 적용되는 개념이다(음파, 물결파, 지진파 등).

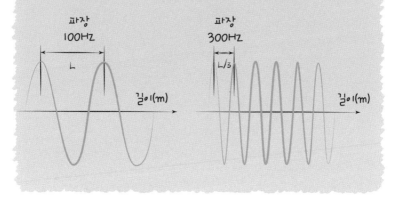

붉은색보다 덜 붉은 적외선

관례적으로 적외선 스펙트럼은 진공에서 파장이 0.75μm에서 1mm가량 되는 전자기파로 그 범위가 정해진다. 리모컨(텔레비전, DVD 플레이어 등)은 근적외선 범위(0.75~3μm) 안에 있는 950nm의 신호를 발사한다.

비디오카메라나 디지털사진기를 이용하면 리모컨에서 방출되는 이 신호를 촬영할 수 있다.

반면 이 기기들은 중적외선(3~25㎛)은 감지하지 못한다. 우리 몸의 체온으로 인해 신체 표면에서 방출되는 것이 주로 중적외선 범위다.

20℃의 방에서 움직이지 않고 가만히 있을 때 일어나는 신체의 전체 **열**손실의 60%가 이 중적외선 방출에 따른 것이다. 열카메라를 이용하면 이 중적외선을 촬영할 수 있다.

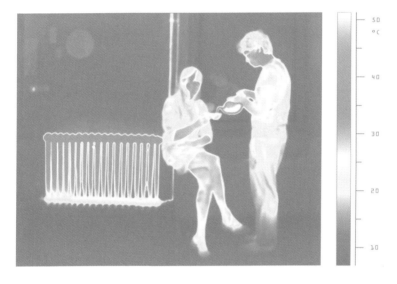

열카메라로 촬영한 사진

적외선 촬영하기

리모컨과 휴대전화 사진기와 같은 디지털사진기를 준비하세요. 어둠 속에서 카메라를 리모컨의 앞쪽에 위치한 송신기 쪽으로 향하게 한 뒤 리모컨 버튼을 눌러보세요. 사진기 화면에 빛나는 점 하나가 보일 것입니다. 리모컨에서 방출된 적외선이 사진기의 센서에 감지된 것입니다.

그럼 이번에는 어두운 욕실로 가서 카메라가 욕실 거울을 향하도록 한 뒤 적외선을 거울 방향으로 쏘아 보내세요. 이번에도 빛나는 점이 하나 보일 것입니다. 발사된 적외선이 거울에 반사되어 되돌아왔다는 증거입니다.

리모컨의 적외선을 반사시킬 수 있는 다른 사물을 찾아보세요.

태양빛을 받은 물과 유리가 데워지는 이유는 이들이 태양의 적외선을 흡수하기 때문이다. 어떤 온도계는 사물이 방출하는 적외선을 분석하여 그 사물의 **온도**를 측정하기도 한다.

고막은 뇌에 있는 온도조절 중추와 같은 혈액을 공유하는데, 귀체온계가 바로 이런 방법으로 고막의 온도를 알아내는 것이다.

또한 사진기에서 이용하는 일부 자동초점시스템에서 거리를 결정하는 방법에도 적외선이 이용된다. 사진기가 적외선 펄스가 왕복하는 데걸리는 시간을 측정하는 것이다.

적외선 감각

방울뱀 같은 일부 동물은 '적외선 감각'이 있다. 열감지기관(0.1℃ 수준)
이 있어서 우리에게는 완전한 암흑과 같은 어둠 속에서도 먹이를 '보고'
사냥한다. 그런데 이 방식으로 사냥할 수 있는 대상은 포유류와 조류
뿐이다. 파충류는 체온이 주변 환경을 따라가는 반면 포유류와 조류는
체온이 일정하게 유지되기 때문이다.

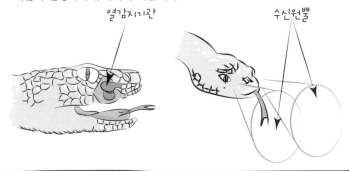

눈에 보이는 빛 현상

전체 전자기파 스펙트럼 중에서 사람의 눈으로 볼 수 있는 부분의 파
장(원문에는 '주파수(진동수)라고 되어 있으나 문맥상 파장이라고 바꿈—옮
긴이)은 대략 380nm에서 750nm 사이로 그 범위가 매우 좁다. 이 범위
의 양 극단 한계치는 사람에 따라 조금씩 차이가 있다. 그 이유 가운
데 하나는 망막 때문이다. 예를 들어 수정체와 유리액의 자외선 투과
성에 따라 자외선 한계가 크게 좌우되는데, 이는 연령에 따라, 사람마
다 다르다.

유리창의 방향

자동차 앞 유리는 뒤쪽으로 기울어져 있지만 반대로 공항 관제탑의 유리창은 앞쪽으로 기울어진 형태다. 왜 이렇게 다른 모습일까? 그 이유는 바로 유리창이 앞쪽으로 기울어져 있으면 유리에서 반사되어 나오는 눈에 거슬리는 빛이 천장에서 오기 때문이다. 그래서 천장을 검게 칠하고 유리창을 앞쪽으로 기울여 놓으면 그 어떤 반영에도 방해받지 않을 수 있다. 이는 하늘을 아주 잘 살펴보아야 하는 관제사에게 매우 중요하다. 그렇지만 자동차 앞 유리를 이런 형태로 만들면 자동차의 공기역학 특성에 방해가 될 것이다.

굴절 = 방향전환

투명한 한 매질에서 다른 매질로 넘어갈 때 각 매질에서의 전파속도 차이로 인해 광선의 방향이 바뀐다. 광선이 두 매질의 경계면에 수직으로 도달할 때만 제외하고 말이다. **굴절** 현상은 빛에만 특정되는 것이 아니라 모든 범위의 전자기파에, 더 넓게는 모든 종류의 파동(음파, 지진파 등)에서 일어나는 현상이다. 공기에서 물로 들어갈 때, 광선은 경계면에 대해 수직인 법선에 가까워지게 된다. 광선이 법선과 이루는 사잇각의 크기가 작아지는 것이다. 반대로 물에서 공기로 나올 때는 그 사잇각이 커진다. 따라서 물 밖에서 물속에 있는 사물을 보면 사물이 실제 사물의 위치와는 다른 곳에 있는 것으로 보이고, 반대도 마찬가지다.

수영장의 잔잔하고 평평한 수면 아래에서 물 밖에서 들어오는 빛을 보면, 물속에 있는 우리 눈을 꼭짓점으로 하여 위쪽으로 열려 있는 모양의 원뿔 안에 빛이 갇혀 있는 것을 볼 수 있다. 이 원뿔 바깥 방향을 바라보면 수면이 마치 거울처럼 작용하여 수영장 바닥이 비추어 보인다.

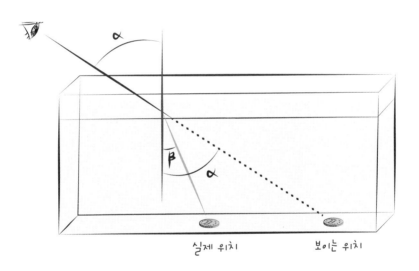

실제 위치   보이는 위치

굴절

투명한 한 매질에서 다른 매질로 넘어갈 때 빛이 굴절하면서 방향이 바뀐다.
이 때 그 궤적은 이동 시간이 최소가 되는 경로에 해당한다.

분산 = 분해

진공에서 모든 진동수의 파동은 299792.458km/s의 같은 속도로 이동한다. 다른 투명한 매질에서는 서로 이동 속도가 달라진다. 각각의 진동수마다 고유의 속도가 있는데 진동수가 작아질수록 이 속도는 커진다. 이에 따라 붉은색은 보라색보다 더 빨리 가기 때문에 붉은색의 전파 방향이 덜 바뀌어서, 예컨대 공기에서 물로, 혹은 공기에서 유리로 들어갈 때 붉은색은 보라색보다 굴절이 덜 된다.

빛이 도달할 때 특정 조건에서 무지개를 보여주는 빗방울이나 프리

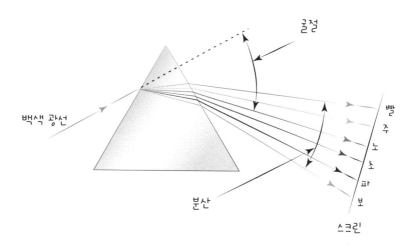

분산

파동의 전파 속도는 진동수에 따라 달라지기 때문에(진공상태 제외)
굴절각은 진동수에 따라 달라진다.
백색광이 프리즘을 거치면 불균등한 굴절로 인해 분해된다.

프리즘과 백색광

1670년 뉴턴은 태양의 백색광이 실제로는 여러 가지 색으로 구성되어 있는데 이 모든 색이 모여서 우리에게 흰 빛으로 보이는 것이며, 프리즘이 이 색들을 서로 분리시키는 '체'의 역할을 한다는 것을 보였다. 뉴턴 이전에 어떤 사람들은 흰 빛이 유리를 통과하면서 유리 안에서 이동한 거리에 따라, 혹은 무지개의 경우 흰 빛이 물방울 안에서 이동한 거리에 따라 다른 색으로 물드는 것이라고 생각했다.

즘에서 빛이 **분산**되어 여러 가지 색이 나타나는 이것이 바로 이와 같은 불균등한 **굴절** 때문이다.

사진기나 천체망원경, 혹은 고성능 현미경을 이용할 때 **굴절** 때문에 분산되는 색들을 모아주려면 여러 종류의 렌즈를 조합해야 한다. 색수차라고 하는 이 결함은 간단한 광학장치라고 볼 수 있는 우리 눈에도 발생하는데, 뇌가 이를 흰 점으로 수정하여 유색 얼룩이 아닌 흰 점으로 보인다.

회절한다 = 새어나온다

굴절과 구별해야 하는 **회절**은 굴절보다 좀 더 복잡하지만 아주 흔한 현상이다. 예를 들어 멀리 있는 가로등을 얇은 커튼이나 투명한 베일 같은 천을 통해서 바라보자. 그러면 가로등 불빛이 십자 형태로 보일 것이다.

얇은 천의 짜임조직에 의해 회절된 가로등 불빛

또 다른 예로는 개구부를 단단히 조인 멍키스패너의 틈과 같이 미세한 틈을 눈앞에 대고 그 틈으로 몇 미터 떨어진 곳에 있는 흰색 면을 관찰하는 것들을 들 수 있다. 그러면 밝은 부분과 어두운 부분이 연속적으로 무늬처럼 나타나는 것을 볼 수 있다.

직접 해보세요!

머리카락 한 올로 보는 회절

회절을 가장 극적으로 관찰하는 방법은 두말할 것도 없이, 한 손으로 레이저포인터를 들고 다른 손의 엄지와 검지를 이용해 세로로 잡은 머리카락 한 올에 빛을 비추어 몇 미터 떨어진 곳에 있는 벽에 생기는 그림자를 보는 것입니다. '그림자'는 군데군데 어두운 부분으로 끊어져 있는 가로로 놓인 빛나는 선 형태로 나타날 것입니다. 마치 빛이 깨지고 조각나기라도 한 것처럼 말이지요. 사실 라틴어 diffractum은 '균열'을 뜻합니다(회절은 diffraction—옮긴이).

위의 실험에서 머리카락을 가로로 들었다면 벽에 투영되는 선은 세로로 나타날 것이다. 비가 오는 밤에 앞서가는 자동차의 후방 라이트 불빛이 세로로 퍼져 보이는 것도 같은 현상으로 설명할 수 있다. 와이퍼의 작용으로 차의 앞 유리에 가로 방향으로 가늘고 길게 오염의 흔적이 남았기 때문인 것이다. 회절은 빛의 파동성 이론으로 아주 잘 설명된다. 이 이론에 따르면, 머리카락의 한쪽 가장자리에서 온 빛과 다른 쪽 가장자리에서 온 빛이 어떤 위치에는(밝은 부분) 서로 같은 위상으로(마루와 마루, 골과 골) 도달하면서 서로 보강되지만, 다른 위치에는(어두운 부분) 서로 반 파장만큼의 위상 차이를 가지고 도달해서 마루와 골이, 골과 마루가 만나 서로 상쇄되는 것이다.

위대한 발견

빛＋빛＝어둠

17세기 예수회 수도사 프란체스코 그리말디가 빛이 머리카락이나 판의 가장자리 같은 장애물을 만나거나 혹은 작은 구멍을 통과할 때의 거동을 연구한 논문이 그의 사후인 1665년에 발표되었다. 이 실험들은 빛이 직선으로 전파되지 않는다는 것을 보여주었다. 실험을 할 때마다 직선 모양이나 고리 모양으로 밝은 부분과 어두운 부분이 반복하여 관찰되었기 때문이다. 그리하여 그는 물리학에 **회절**이라는 용어를 도입한다. 이 발견은 빛의 파동성 이론을 뒷받침하는 것이었다. 그 후 1802년에 영국 의사 토머스 영은 가느다란 세로 틈 두 개가 서로 가까이에 나 있는 판에 빛을 비추어 그 뒤에 있는 판에 밝은 부분과 어두운 부분이 반복되는 무늬가 생기는 것을 관찰한다. 이 실험은 한 틈을 통과한 빛과 다른 틈을 통과한 빛이 어떤 위치(밝은 부분)에서는 서로 보강되지만 다른 위치(어두운 부분)

에서는 서로 상쇄된다는 것을 나타낸다. 이러한 **간섭**현상의 입증도 빛의 파동성 이론을 뒷받침하는 것이었다.

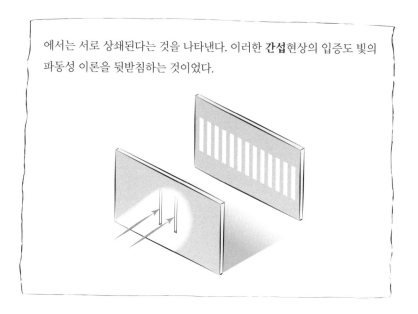

간섭

빛의 **간섭**현상은 보기 드문 현상이 아니다. 예를 들어 길거리에 기름 막으로 덮여 있는 물웅덩이 위 혹은 칼날이나 비눗방울에서 보이는 색깔에서 간섭현상을 확인할 수 있다.

물론 기름이나 비눗물 자체에 색이 있는 것은 아니다. 물 위를 덮고 있는 기름 막의 두께에 따라 기름 표면에서 반사되는 한 빛과 기름 아래 물의 표면에서 반사되는 다른 빛, 이렇게 두 빛 간에 간섭현상이 일어나면서 입사되는 백색광을 구성하는 모든 색 중 한 가지 색이 상쇄되어 사라지는 것이다. 만약 파란색이 상쇄되면 물웅덩이의 그 지점은 노란색으로 보인다. 기름 막의 두께에 따라 상쇄되는 색이 달라지므로 기름 막 전체에서는 다채로운 색이 보인다.

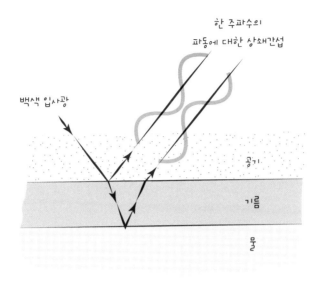

간섭색

기름의 두께에 따라 백색광 안에 존재하는 모든 주파수의 파동 중 하나에 대해 상쇄간섭이 일어나 그 파동이 소멸되면서 우리 눈에 도달하는 빛은 더 이상 백색광이 아닌 유색광이 된다.

자외선

태양은 자외선(UV, ultraviolet)의 주요 방출원이다. 관례적으로 파장이 220nm 이상인 UV 범위를 UVC(220~290nm), UVB(290~315nm), UVA (215~380nm)의 세 종류로 구분한다.

대기 중에서도 특히 산소와 **오존**은 자외선의 대부분을 흡수한다. '진공 자외선'이라고도 불리는 파장이 220nm보다 작은 자외선이 그렇듯이 UVC도 대기가 완전히 흡수해 거른다. 그러나 UVA와 대부분의 UVB는 지면까지 도달한다. UVA는 피부를 보기 좋게 그을리게도 하지만 피부 노화를 유발하고, UVB는 일광 화상과 피부암의 원인이 된다.

자외선을 발견한 리터

1801년, 독일의 요한 빌헬름 리터는 염화은이 파란빛, 특히 보랏빛의 작용으로 검게 변하면서 금속 은이 되는 것을 발견한다. 염화은을 프리즘을 통해 얻은 색 스펙트럼에서 보라색 너머의 아무 색도 없는 곳에 놓아두면 이 변화작용이 더 빠르게 일어난다. 리터는 파장범위 10nm에서 380nm에 해당하는 자외선(더 정확히는 근자외선)을 발견한 것이다.

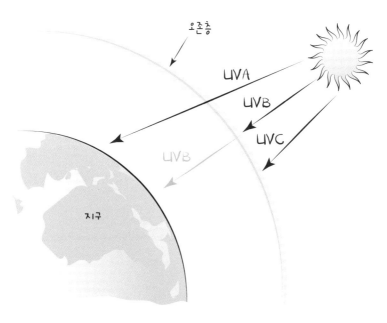

지구 대기가 흡수하는 자외선의 종류

이는 자외선의 이온화 능력과 광화학성(화학반응을 일으키는 성질) 같은 주요 특성 때문이다. 물이나 수술 도구의 미생물 살균에 UVC의 이러한 특성을 활용한다. 선크림은 특히 UVB가 피부에 도달하는 것을 막아준다. 그 효과는 크림을 발랐을 때와 바르지 않았을 때 각각 일광화상을 입는 데 걸리는 시간의 비율에 해당하는 차단지수로 나타낸다. 예를 들어 지수가 10이라면, 다른 모든 조건이 동일할 때 크림을 바른 쪽에 일광화상을 입으려면 크림을 바르지 않은 쪽에 일광화상을 입는 데 걸리는 시간보다 10배 더 긴 시간이 지나야 한다는 의미다.

일반 유리는 UVB는 투과되지 않지만 UVA는 투과시킨다. 석영, 불화칼슘, 불화리튬 등은 UV를 투과시키는 물질로 UV 램프 전구 제조에 사용한다. 디스코테크에서는 우드유리라고도 불리는 니켈유리를 자주 이용하는데, 니켈유리는 가시광선은 차단하지만 UV는 투과시킨다. 니켈유리로 된 등을 블랙라이트 혹은 우드라이트라고 한다.

Science memo

자외선 시각

300에서 400nm 파장의 선을 지각하는 나비와 벌과 같은 일부 동물은 UV 속에서도 볼 수 있다. 그 밖에도 일부 어류, 양서류, 파충류, 포유류 및 여러 조류도 자외선 시각을 가지고 있다. 특히 조류 중 일부 종은 자외선 속에서 중요한 성적이형(같은 종의 암수에서 나타나는 형태, 크기, 구조, 색깔 등의 뚜렷한 차이점—옮긴이)을 나타낸다.

뼈를 통과하지 못하는 X선

X선은 고에너지 전자기파다. 신체를 통과할 수는 있지만 뼈는 통과하지 못하기 때문에 뼈와 관련된 문제를 알아내는 데 이용된다.

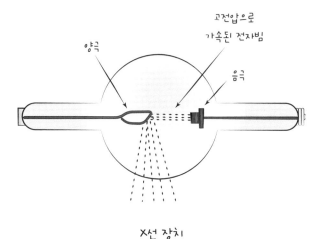

X선 장치
고속으로 방출된 전자가 장애물에 부딪히면 제동되는데,
이때 전자에너지의 일부가 X선으로 변환된다.

방사선실에서 이용되는 X선을 만들어내는 주된 방법은 금속 대상물을 향해 **전자**빔을 아주 빠른 속도로 쏘아 보내는 것이다. 충돌하면 전자의 속도는 급감한다. 이 때문에 전자가 잃어버리는 **운동에너지**는 다양한 형태로 나타나는데, 그중 큰 부분은 **열**로 변환되고, 1% 정도는 X선의 형태로 방출된다. 이를 '제동 방사선' 혹은 브렘슈트랄룽(bremsstrahlung)이라고 부른다.

셀로판테이프로 만들어낸 X선

1950년대와 1980년대에 물리학자들은 셀로판테이프의 롤을 빠르게 풀어낼 때 높은 전압과 미세방전이 일어난다는 것을 보였다. 마찰에 따른 정전기현상이 순간적으로, 또한 매우 국소적으로 공기 온도를 4000℃까지 높이며 라디오파를 만들어낸다. 2008년, 연구자들은 진공상태에서 셀로판테이프 롤을 충분히 오랜 시간 동안 풀며 X선이 방출되는 것을 관찰했고, 이 X선으로 손가락을 촬영하기까지 했다.

용어설명

가속도 | 물리학에서는 모든 속도의 변화를 가속도라고 한다. 속도가 증가하든 감소하든 모두 가속이다. 속도의 방향이 변하는 것도 가속이다. 물체의 가속도는 물체가 받는 힘에 비례한다.

간섭 | 두 개의 파동이 서로 보강되거나 상쇄되는 현상. 각각의 경우를 보강간섭과 상쇄간섭이라고 한다.

관성 | 역학에서 물체가 자기 자신의 속도를 변화시킬 수 없는 성질을 말한다. 물체의 속도가 변하려면 외부에서 힘이 작용해야만 한다.

관성계 | 가속도가 작용하지 않는 관찰자는 관성계(혹은 갈릴레이 좌표계)이다. 반대의 경우를 비관성계라 하고 관성력의 개념을 빌려야 한다. 돌아가는 회전목마를 타고 있는 아이는 비관성계이고, 밖에서 이 아이를 관찰하는 부모는 관성계다.

관성력 | 가속도를 직접 겪는 입장에서 관찰되는 것을 기술하는 데 필요한 힘. 예컨대 제동하는 버스 안에 있는 승객은 버스 안의 물건이 앞으로 튀어나가는 것을 관찰한다. 승객의 입장에서 이를 설명하려면 그 물체에 힘이 작용했다고 할 수밖에 없다. 이 힘이 관성력이다.

굴절 | 광학에서, 광선이 투명한 한 매질에서 다른 매질로 지나갈 때 전파속도 변화 때문에 방향이 바뀌게 된다. 이 방향 전환이 굴절이다. 굴절각은 진동수(색)에 따라 다르다.

굴절률 | 광학에서 투명한 매질 A의 굴절률은 진공에서 빛의 속도(약 30만km/s)

를 매질 A에서의 빛의 속도로 나눈 값이다. 물의 굴절률은 1.333인데, 이는 물속에서 빛의 속도는 진공에서 빛의 속도보다 1.333배 느린 225000km/s 라는 뜻이다.

글루온 | 양성자와 중성자 같은 입자들은 쿼크로 이루어져 있고, 쿼크는 글루온이라는 기본입자로 서로 결합되어 있다. 글루온에는 여덟 종류가 있다.

기본입자 | 물리학자들은 수백 종류의 입자를 알아냈다. 그중 몇 가지만이 다른 입자들로 구성되어 있지 않은 기본입자이다. 기본입자는 17쪽의 표에 나와 있는데, 그중 W 보손은 두 종류(W +, W-)가 있고 글루온은 여덟 종류가 있다.

기화 | 액체가 액체 내에서 증기가 되는 끓음(비등) 현상과는 달리, 기화는 그 액체의 표면에서 일어나는 현상이다. 표면에서 액체는 증기 기포를 발생시키지 않고 증기가 된다.

끓음(비등) | 액체 안에 그 액체의 증기 기포가 만들어지면 이를 끓음(비등) 현상이라고 한다. 끓는 온도(비등점)는 압력에 따라 달라지고, 끓는 물속의 기포에는 공기가 아니라 수증기가 들어 있다. 기화 현상과 혼동하지 않도록 한다.

뉴턴(N) | 힘의 측정 단위. 1뉴턴(N)은 질량이 1kg인 물체의 속도를 초당1m씩 증가시키기 위해서, 즉 이 물체가 $1m/s^2$의 가속도로 운동하도록 하기 위해서 물체에 가해야 하는 힘이다. 이는 또한 지구상에서 질량이 대략 100g인 물체의 무게에 해당한다.

데시벨 | 음향학에서 데시벨(dB)은 두 소리의 세기 수준의 비를 나타낸다. 예를 들어, 하나의 소리가 다른 소리보다 10000배 더 크다면 이는 4벨 차이 (10^4=10000이므로)이자 40데시벨 차이가 된다. 만약 소리 세기의 비가 두 배라면, $10^{0.3}$=2이므로 그 차이는 0.3벨 혹은 3dB이다.

도플러 효과 | 소리 발생원 혹은 그 소리의 주파수를 측정하는 관찰자의 운동으로 인해 발생하는 소리의 원래 주파수와 측정되는 주파수의 차이. 이

차이는 소리 발생원 자체가 운동 중일 때 더 크다.

동위원소 | 원자번호는 같지만 질량수가 다른 원소다. 양성자의 개수는 같지만 중성자의 개수가 달라 동위원소라고 한다. 자연에는 약 90개의 원소, 340개의 동위원소가 존재하며 그중 70개는 방사성 물질이다.

메손 | 쿼크와 반쿼크로 이루어져 있는 입자인 메손은 여러 종류가 있다. 양성자와 중성자는 메손 교환을 통해 원자핵 내부에서 서로 결합되어 있다.

무게 | 무게는 지구가 중력에 의해 모든 물체에 행사하는 끌어당기는 힘이다. 이 힘은 뉴턴 단위로 측정되는데, 물체의 질량(kg)에 지구중력가속도 상수를 곱한 것이다. 지구중력가속도는 지표면에서 약 $9.81m/s^2$이다.

무중량 | '무중력'이라고도 한다. 중력이 관성력에 의해 상쇄되는 상황을 말하는데, 예를 들어 지구 주위의 인공위성 궤도를 돌고 있는 우주선 안에 탑승한 사람이 느끼는 원심력은 이 사람의 무게를 상쇄시켜 무중량 상태에 있도록 한다.

밀도 | 밀도는 물체의 단위부피당 질량의 비로, 물의 밀도는 1kg/L이다. 밀도가 0.9 혹은 3.6인 물체라는 말은 그 물체의 단위부피당 질량이 각각 0.9kg/L 혹은 3.6kg/L라는 것이다. 때로는 밀도가 '단위부피당 입자의 개수'를 의미하기도 한다.

바 | 이따금 사용되는 압력의 비공식 단위로서 1바(bar)는 100000파스칼(Pa)이다. 이는 대략 101325Pa인 표준대기압에 해당한다.

반감기 | 핵물리학에서 반감기는 방사성 핵물질의 절반이 붕괴하기까지 걸리는 시간을 가리킨다. 예를 들어, C-14의 반감기는 5700년인데, 이는 현재 1g의 C-14가 있을 때 5700년 뒤에는 0.5g밖에 남지 않는다는 것을 뜻한다.

방사능 | 원자핵이 방사선이라고도 불리는 입자를 방출하며 안정해지는 현상. 불안정한 핵은 방사성 물질이라고 한다. 방사능에는 다양한 형태가 있으나 세 가지 주요 방사능을 각각 알파, 베타, 감마라고 한다. 단일 중성

자(자유 중성자)도 방사성 물질이다.

베크렐(Bq) | 1베크렐(Bq)은 1초당 방사성 붕괴가 한 번 일어나는 것에 해당한다. 우리 몸의 방사성 수준은 125Bq/kg이다. 이는 우리 몸 1킬로그램에서 초당 125개의 원자핵에 핵변환, 즉 붕괴가 일어난다는 뜻이다.

볼트(V) | 한 지점에 있는 단위전하가 갖는 퍼텐셜 에너지를 표시하는 단위. 전기 퍼텐셜 에너지의 차이를 전압이라 하는데, 전압 또한 볼트 단위로 측정한다.

분산 | 한 가지 이상의 색으로 구성되어 있는 빛(예컨대 백색광)이 프리즘을 지나면 그 색들이 불균등하게 굴절되면서 서로 분리되는데, 이것이 바로 분산 현상이다.

분자 | 분자는 두 개 이상의 원자들이 하나로 결합되어 이루어진 결합체다.

세기(전류) | 도선에 흐르는 전류의 세기는 '단위시간당 흐르는 양'에 해당한다. 세기가 셀수록 초당 도선의 한 단면을 지나는 전자의 개수가 많다. 세기는 암페어 단위로 측정된다.

스파크 | 공기 중에서 급격하고 강하게 짧은 순간 전류가 흐르는 것을 정전기 스파크라 하고 이는 소리와 빛으로 나타난다. 벼락과 번개는 아주 거대한 스파크라고 할 수 있다. 공기 중에 1cm의 스파크가 발생하려면 10000볼트(V) 정도가 필요하다.

아메리슘 | 아메리슘은 자연 상태에는 존재하지 않는 원자다. 양성자 95개를 가지고 있고, 1944년에 처음으로 합성되었다. 아메리슘의 모든 동위원소는 방사성 물질이다. 아메리슘-241의 반감기는 432년이다.

암페어(A) | 전류의 세기를 측정하는 데 쓰이는 단위다. 그 엄격한 정의는 직관적으로 와닿지는 않지만, 1암페어(A)의 세기는 초당 대략 60억의 10억 개 전하가 도체의 한 단면을 통과하는 것에 해당한다.

압력 | 압력은 그 정의에 따라 단위면적(제곱미터)당 작용하는 힘(뉴턴)이 된다. 압력의 공식 단위는 파스칼(Pa)이고, 그 값은 $1N/m^2$이다. 대기압은

약 101300Pa, 즉 1013헥토파스칼(hPa)이다.

양성자 | 양성자는 중성자와 마찬가지로 핵자로서, 세 개의 쿼크(uud)로 이루어져 있다. 중성자와는 달리 양성자는 안정한 것으로 보이는데 그 이유는 어떤 실험으로도 양성자의 불안정함을 보이지 못했기 때문이다. 양성자는 전기적으로 양의 전하를 띠고 있으며 무게는 전자 무게의 거의 1850배다.

LHC | LHC(거대강입자충돌기, Large Hadron Collider)는 현재 세계에서 가장 큰 입자가속기다. 프랑스와 스위스의 국경지역 지하 100m 깊이에 묻혀 있는 이 가속기는 둘레가 27km이고, 주로 양성자를 가속시켜 진공에서 빛의 속도의 99.999999%의 속도로 서로 충돌시킨다.

열 | 온도가 서로 다른 두 물체 사이에서 뜨거운 물체가 차가운 물체에 열이라는 에너지를 넘겨주며 두 물체의 온도는 평형을 이룬다.

오존 | 오존은 세 개의 산소원자로 이루어진 분자다. 자연 상태에서 지구 대기 중 고도 20에서 40km 사이에 존재하는 오존은 태양 자외선의 많은 부분을 걸러냄으로써 생명체에 이로운 역할을 한다.

온도 | 물체의 온도는 물체를 이루는 원자(혹은 분자)들의 평균 운동에너지를 나타낸다. -273.15℃의 온도에서는 이 운동이 정지하고(혹은 거의 정지) 물질은 이보다 덜 운동할 수 없는 상태가 된다. 이 온도가 바로 '절대 0도'라고 부르는 온도다.

우라늄 | 우라늄은 가장 많은 수의 양성자(92개)를 가진 천연 원소다. 지구상에는 주로 두 종류의 우라늄 동위원소가 존재한다. U-238(99.3%)과 U-235(0.7%)다. U-238의 반감기는 45억 년인데, 우연히도 지구의 나이와 일치한다.

운동에너지 | 운동하는 물체가 갖는 에너지. 운동에너지는 속도의 제곱에 비례하고 질량에 비례하여 증가한다.

원심력 | 회전하고 있는 계 내부에 있는 사람의 관점에서 말하는 관성력. 주의: 회전하는 계 외부에서 보는 사람은 자신이 그 내부에 있다고 상상하지 않는 이상 원심력을 말할 수 없다.

원자 | 모든 원자는 핵과 외곽 전자로 이루어져 있다. 자연에서 핵을 구성하는 양성자의 개수는 1개에서 92개까지 다양하고, 양성자의 개수가 43개와 61개인 원자는 존재하지 않는다. 하지만 각각 1937년과 1945년에 이들 원자를 합성하는 데 성공했고, 이제는 양성자의 개수가 118개인 핵까지 합성할 수 있다.

유도 | 닫힌 도체에 대해 자기장이 변할 때(일정한 자기장 내에서 움직이는 도체 혹은 변하는 자기장 내에 고정된 도체) 전류가 발생한다. 도체가 개방되어 있다면 그 단자에 전압이 발생한다. 두 경우 모두 유도현상이다.

유도가열 | 유도가열에서는 냄비 같은 도체를 변하는 자기장 안에 놓는다. 그러면 도체 안에 전류가 유도되는데 이를 유도현상이라 하고, 이 유도전류가 도체를 가열한다.

유도전류 | 도체를 기준으로 봤을 때 변하는 자기장(일정한 자기장 내에서 도체가 운동하는 것이든, 자기장 자체가 변하는 것이든)으로 인해 도체 내에 전류가 발생하면 이 전류를 유도전류라고 한다.

이온 | 이온은 전기적으로 중성이 아닌, 음성 혹은 양성을 띤 원자(혹은 분자)로서, 기체나 액체 안의 전류는 이온의 이동으로 발생한다. 어떤 방사선은 이온화 방사선(전리방사선)이라고 불리는데, 그 이유는 이 방사선이 지나갈 때 만나는 물질에서 전자를 빼낼 수 있기 때문이다.

임계(온도) | 물체에 따라 어떤 온도 이상에서는 압력에 상관없이 더 이상 그 물체가 액체 상태로 존재할 수 없는 온도가 있는데, 이 온도를 임계온도라고 한다. 이에 해당하는 증기압력은 임계압력이라 한다. 물의 경우 이 두 값은 374℃, 218대기압이다.

자기장 | 자기장은 모든 자석이나 모든 전류에 동반되는 것이다. 특히 철 조각에 힘을 작용하여 철 조각이 자석에 달라붙도록 하는 것이 바로 그 자석의 자기장이며, 전동기에서 작용하는 힘 또한 자기장에 의한 것이다.

자연발생 | 오랫동안(1870년대까지) 사람들은 무생물로부터 생물이 발생할 수 있다고 믿었다. 생명체에서 태어나는 것과 대비하여 이 현상을 자연발

생이라고 했다.

잔류 강한 상호작용 | 강한 상호작용은 양성자나 중성자와 같은 입자들 안에 있는 쿼크들을 결합시킨다. 원자핵 안에서 양성자와 중성자 같은 입자들은 잔류 강한 상호작용의 일부분 덕분에 같이 묶여 있을 수 있다.

전기장 | 자기장이 모든 자석이나 모든 전류에 동반되는 것과 마찬가지로, 전기장은 모든 전하에 동반된다. 전기장의 성질은 자기장의 성질과는 다르다.

전류 | 전하(전자 혹은 이온)의 모든 이동을 전류라고 한다. 극단적으로 말해서, 단 하나의 전하가 이동하는 것도 전류다. 모든 전류는 자기장을 동반한다.

전압 | 볼트 단위로 측정되는 두 지점 사이의 전압은 이 두 지점에 놓인 단위 전하가 갖는 퍼텐셜 에너지의 차이를 나타낸다.

전자 | 모든 원자 내부의 원자핵 외곽에 존재하는 전기적으로 음으로 하전된 기본입자. 베타 방사능에서는 베타라고 불리는 전자가 생성되기도 한다. 이렇게 생성된 전자들은 모든 관점에서 외곽 전자와 동일하다.

전자포획 | 전자포획은 어떤 원자핵이 외곽 전자 하나를 포획하여, 이 원자핵의 양성자 하나와 이 전자가 결합해서 중성자가 되면서(중성자는 원자핵에 남음) 중성미자 하나가 빛의 속도에 가까운 속도로 원자핵을 빠져나가는 현상이다.

정전기학 | 같은 기호의 전하들(양전하와 양전하, 음전하와 음전하) 사이의 척력, 혹은 다른 기호의 전하들(양전하와 음전하) 사이의 인력과 관계되는 모든 상황을 다루는 물리학의 한 분야다.

줄 효과 | 도체 내에 전류가 흐를 때 가열되는 현상. 필라멘트 전구가 빛나고, 다리미가 뜨거워지는 것이 모두 이 줄 효과다.

중성미자 | 중성미자는 기본입자다. 즉, 중성미자는 다른 입자들로 구성된 것이 아니다. 어떤 의미로는, 중성미자는 질량이 아주 작은 전기적 중성을 띤 전자라고도 볼 수 있다. 중성미자는 거의 아무것과도 상호작용하지 않기 때문에 별 어려움 없이 엄청난 두께의 물질까지 통과할 수 있다.

중성자 | 중성자는 양성자와 같이 핵자로서, 세 개의 쿼크(udd, up 쿼크 1개와 down 쿼크 2개)로 구성되어 있다. 1932년에 발견된 중성자는 양성자보다 살짝 더 무겁다. 원자핵에 결합되어 있지 않은 자유 중성자는 10분의 반감기를 가지며 양성자로 붕괴하면서(베타 방사능) 전자 하나와 반중성미자 하나를 방출한다.

중수 | 중수는 그 분자가 모두 중수소원자 두 개에 산소원자 하나가 결합한 형태인 물을 말한다. 두 수소원자 중 하나만 중수소이고 다른 하나는 일반 수소이면 반중수라고 한다.

중수소 | 수소의 한 종류로서, 모든 수소 원자핵과 마찬가지로 양성자 하나를 가지는데 중수소 원자핵은 거기에 중성자 하나를 더 가지고 있다. 대략 자연에 존재하는 수소원자 6000개 중 하나가 중수소인데 방사성 물질은 아니다.

초임계 | 액체가 임계온도와 임계압력 이상의 온도와 압력 하에 있을 때의 상태. 374℃ 이상의 온도에서 218대기압 이상의 압력하에 있는 물은 초임계 상태의 물이다. 이때 물은 액체도 기체도 아니다.

쿼크 | 쿼크는 기본입자다. 쿼크에는 위(up, u) 쿼크, 아래(down, d) 쿼크, 맵시(charm, c) 쿼크, 야릇한(strange, s) 쿼크, 꼭대기(top, t) 쿼크, 바닥 혹은 뷰티(bottom 혹은 beauty, b) 쿼크 이렇게 여섯 종류가 있다. 쿼크는 일부 입자들(중성자와 양성자)을 구성하는 입자이고, 쿼크끼리는 글루온 덕분에 서로 결합되어 있다. 쿼크는 $+2/3(u, c, t)$와 $-1/3(d, s, b)$이라는 분수의 전하량을 가지고 있다.

퀴리(단위) | 퀴리(Ci)는 방사성 물질의 활동성을 측정하는 구 단위(지금은 베크렐이 사용됨)다. 1퀴리는 라듐 1g의 방사능에 해당하며, 이는 초당 370억 번 붕괴가 일어나는 것이다.

탄소-14 | 탄소의 희귀한 방사성 동위원소로서, 그 원자핵은 다른 모든 탄소

원자 종류와 마찬가지로 여섯 개의 양성자를 가지고 있고, 탄소-14 원자핵은 거기에 중성자 여덟 개를 더 가지고 있다. 자연에서 탄소 원자 1조 개 중 하나가 C-14다. 탄소-14는 지구 대기에서 핵반응 과정 중 자연적으로 생성된다.

파동-입자 이중성 | 조금 오래되기는 했지만 여전히 이용되는 개념이다. 전자, 광자, 양성자 등이 상황에 따라 파동과 같은 거동을 보이기도 하고 입자와 같은 거동을 보이기도 한다는 것을 말한다.

파스칼(Pa) | 파스칼(Pa)은 압력을 측정하는 공식단위다. 1Pa은 $1m^2$의 면적에 1N의 힘이 작용하는 것에 해당한다. 탁자 위에 $80g/m^2$인 A4 용지가 올려져 있을 때 이 A4 용지가 탁자에 가하는 압력은 0.8Pa이다.

퍼텐셜 에너지 | 물체의 위치, 형태, 배열 상태에 따라 물체가 갖는 에너지. 예를 들어 고무줄은 팽팽하게 늘어난 상태일 때 그렇지 않을 때보다 더 큰 퍼텐셜 에너지를 갖고, 높은 곳에 올려놓은 공은 낮은 곳에 위치한 공보다 더 큰 중력퍼텐셜 에너지를 갖는다.

플루토늄 | 플루토늄은 양성자의 개수가 94개인 인공원소다. 플루토늄은 금속인데, 마치 물처럼 액체상태일 때보다 고체상태일 때 밀도가 더 작다.

핵 | 모든 원자핵은 양성자와 중성자로 이루어져 있고, 수소의 원자핵만 양성자 하나로 이루어져 있다. 자연 상태에서 서로 다른 종류의 원자핵은 340종밖에 존재하지 않지만 인간이 3000개 이상을 합성했다.

회절 | 특정 조건에서 파동이 장애물을 만날 때 발생하는 현상 전체를 가리킨다. 빛의 회절을 설명하려면 '광선'의 개념을 버려야만 한다. 그 경로를 더 이상 직선으로 볼 수 없기 때문이다.

힘 | 힘은 물체의 속도를 변하게 한다. 측정 속도가 크기도 방향도 변하지 않는다면, 이는 물체에 작용하는 힘들이 서로 상쇄된다는 뜻이다. 힘은 뉴턴(N) 단위로 측정된다.

더 알아보기

서적

Ben-Dov Yoav, *Invitation à la physique*, Seuil, 1998

Boudenot Jean-Claude, *Histoire de la Physique et des Physiciens*, Ellipses, 2013

Cavedon Jean-Marc, *La radioactivité est-elle dangereuse?*, Le Pommier, 2014

Feynman Richard, *La Nature de la physique*, Seuil, 1980

Guichard Jacques, Fadel Kamil, Simonin Guy, *50 expériences pour épater vos amis au jardin*, Le Pommier, 2013

Guyon Étienne, Hulin Jean-Pierre, Petit Luc, *Ce que disent les fluides*, Belin, 2014

Kumar Manjit, *Le grand roman de la physique quantique : Einstein, Bohr… et le débat sur la nature de la réalité*, Flammarion, 2012

Meier Dominique, *La physique pour les nuls*, First, 2009

Perelman Yakov, *Oh la physique! 250 casse- tête pour tester votre sens physique*, Dunod, 2000

Poizat Jean-Claude, Ray Cédric, *La physique par les objets du quotidien*, Belin, 2014

Valeur Bernard, *Sons et lumière*, Belin, 2010

잡지

Découverte, revue du Palais de la découverte, http://www.palaisdecouverte. fr/fr/ressources/revuedecouverte/

Pour la Science, http://www.pourlascience.fr/

옮긴이의 글

10여 년 전 칠판에 수식이 빼곡히 적힌 강의실에서 물리학이 묘사하는 자연의 아름다움과 동시에 수식 이외에 다른 표현 방법으로도 이런 아름다움을 느낄 수 있는 방법을 찾을 수 있다면 얼마나 좋을까 하는 다소 발칙한(?) 생각을 했었다. 아름다움은 비단 그림이나 소설 같은 예술 작품에만 존재하는 것은 아닐 것이다. 어쩌면 그러한 쾌를 느낄 수 있는 감각은 어떠한 대상을 보았을 때 그로부터 무언가를 감지할 수 있는지에 관한 지식과 훈련의 경험을 통해 나올 수 있을지도 모른다. 이러한 의미에서 수식이 가득한—다소 고루하고 딱딱하게 느껴질 수 있는 교과서 이외에, 조금은 부담 없이 하지만 그렇다고 머리가 마냥 편한 것만은 아닌 이야기가 제시된다는 것은 의미 있는 일이다.

이 책은 물리학에 친숙하지 않은 사람들이 조금 더 친숙하게 다가갈 수 있는 경험의 토대를 제시한다. 수식을 통한 묘사의 미적 쾌감이 물리학의 전부는 아니다. 우리가 세계를 바라보는 관점, 시야, 그리고 그를 통해 파악하는 자연의 내부적인 작동 원리에 대한 개념을 엿보는 것만으로도 우리는 일종의 즐거움을 느낄 수 있는 것이다. 하지만 그러한 감각은 쉽게 주어지지 않는다. 앞서 이야기했듯, 그리고 어딘가에서 들었던 말—사랑하면 알게 되고, 알게 되면 보이나니—에 따르면 아는 것이 있어야 느낄 수도 있는 것이다(더불어 알게 됨으로써 사랑하게 되는 경우도 있다).

힘, 열, 전자기, 파동 등 학교에서 배우는 기초에서부터 입자물리에 이르기까지 물리학의 거의 모든 분야를 다루고 있는 이 책을 읽다 보면 어느새 우주와 자연의 아름다움에 흠뻑 빠져들게 될 것이다. 경이롭게도 그 아름다움은 사실 새로운 것이 아니라 생활 속 우리 곁에 태초부터 늘 존재해왔던 것이다. 이 책을 통해 독자들이 그 아름다움에 눈을 뜨고 세상을 새롭게 바라보는 즐거움을 만끽할 수 있기를 바란다.

끝으로 부족한 역자를 늘 믿어주시고 이 책의 번역과 출간에 도움을 준 양문출판사에 깊은 감사를 드린다.

2017년 8월

고 민 정

찾아보기

집 안에서 배우는 물리

초판 찍은 날 2017년 8월 24일
초판 펴낸 날 2017년 8월 30일

지은이 카밀 파델
옮긴이 고민정

펴낸이 김현중
편집장 옥두석 | **책임편집** 임인기 | **디자인** 이호진 | **관리** 위영희

펴낸 곳 (주)양문 | **주소** 서울시 도봉구 노해로 341, 902호(창동 신원리베르텔)
전화 02. 742-2563~2565 | **팩스** 02. 742-2566 | **이메일** ymbook@nate.com
출판등록 1996년 8월 17일(제1-1975호)

ISBN 978-89-94025-60-5 03400   잘못된 책은 교환해 드립니다.